KB209673

OK
°C
HOT!

극변하는
지구의 미래를
해독하자!

한권으로 끝내는

# 지구 과학

니나가와 마사하루 지음 ∞ 송경원 옮김

모스그린
Moss Green

# 머리말

고등학교 과학 교과는 물리, 화학, 생명과학, 지구과학 4개 과목으로 나뉩니다. 이 가운데 '지구과학'은 지구를 연구 대상으로 하는 자연과학입니다. 대학에서는 지구뿐 아니라 태양계까지 연구 대상을 넓혀 우주과학, 지구환경과학 등으로 부르기도 합니다. 지구과학에서는 측지학, 지진학, 화산학, 암석학, 광물학, 지질학, 고생물학, 기상학, 기후학, 해양학, 행성과학 등 다양한 분야의 내용을 폭넓게 다룹니다.

초등학교와 중학교 과학 시간에는 누구나 같은 내용을 배우지만, 고등학교에서는 몇 개 과목을 선택해 배웁니다. 문과 학생들은 대부분 이러한 '기초를 닦는 과목'까지만 배우고, 이과 학생들은 대부분 이보다 더 깊이 있는 내용을 다루는 '물리', '화학', '생명과학', '지구과학'을 선택해 배웁니다. 선택 과목의 비율로 따져봤을 때 지구과학은 그다지 많은 학생들이 배우는 과목은 아닙니다.

최근 여기저기서 지구 환경이나 자연재해에 관한 이야기가 부쩍 자주 들립니다. 거대 지진, 긴급 지진 속보, 화산 분화, 기상 이변, 엘니뇨 현상, 지구 온난화 같은 말은 누구나 한 번쯤 뉴스를 통해 들어봤을 것입니다. 이런 것들은 모두 고등학교 지구과학에서 배울 수 있는 내용이며, 우리 생활과 밀접한 관련이 있는 자연 현상이기 때문에 평소 알아둘 필요가 있습니다. 이 책에서는 그중에서도 특히 일상생활에 적지 않은 영향을 미치는 자연 현상인 지진, 화산, 기상, 환경 등을 중심으로 교양으로 알아두면 좋을 내용을 설명합니다. 이 책을 읽고 나면 우리가 일상생활에서 쉽게 접할 수 있는 자연 현상에 대해 더 잘 이해하게 될 것입니다.

전 세계적으로 앞으로도 계속해서 지진 재해나 화산 재해, 기상 재해 등이 일어날 것입니다. 이러한 재해 중 일부는 지진, 화산, 기상 등에 대한 올바른 지식을 가지고 있다면 막을 수 있는 것도 있습니다.

2011년 3월 11일 도호쿠 지방 태평양 해역 지진(동일본 대지진)이 일어났습니다. 이 지진에 의해 발생한 지진 해일, 즉 쓰나미가 후쿠시마 제1원자력발전소를 덮치면서 방사성 물질이 대기 중으로 방출되는 사고가 났습니다. 사고 당시 후쿠시마 제1원자력발전소 주변에는 남동풍이 불고 있었는데, 한 뉴스 캐스터가 남동풍을 남동쪽으로 부는 바람으로 착각해 방사성 물질이 남동쪽으로 이동할 것이라고 보도한 적이 있었습니다. 기상 용어 중에 '풍향'이라는 단어가 있는데, 풍향은 바람이 불어가는 방향이 아니라 불어오는 방향을 나타냅니다. 즉 남동풍이란 남동쪽에서 불어와 북서쪽을 향해 불어가는 바람을 말합니다. 그 결과 후쿠시마 제1원자력발전소의 북서쪽에 있는 이타테무라 마을 등으로 방사성 물질인 세슘137이 확산되고 말았습니다. 이러한 착각은 어쩌면 지구과학에 대해 잘 모르는 데서 비롯되는 것이 아닐까 하는 생각이 듭니다.

지구과학에서 다루는 내용은 일상생활에서 흔히 접하는 자연 현상만이 아니라 자연재해와도 깊이 관련되어 있습니다. 세계 곳곳에서 자연재해 발생이 잦아지고 있는 지금, 교양으로서의 지구과학에 대한 이해를 높이고 일상생활에 유용한 지식을 얻는 데 이 책이 도움이 되기를 바랍니다.

니나가와 마사하루

# 차례

## 제1장 지구의 구조

### 지구의 개관



### 지구 내부 구조



## 제2장 판의 운동

### 판의 분포



### 판의 경계

## 제3장 지진



## 제4장 화산 활동

# 제 1 장

# 지구의 구조

# 지구의 개관

## 지구의 모양

지구가 둥근 구형이라는 사실은 이미 2,000년도 더 전부터 알려져 있었습니다. 고대 그리스 철학자인 **아리스토텔레스**(기원전 384~기원전 322년)는 월식 때 달 표면에 비친 지구의 그림자가 곡선을 그리는 것을 보고, 이 곡선이 지구의 모양을 나타낸다고 생각했습니다. **월식**이란 지구를 중심으로 태양과 달이 반대 방향에 있을 때, 달이 지구 그림자 속으로 들어가 달의 일부 또는 전부가 보이지 않는 현상을 말합니다(그림 1-1).

그림 1-1 월식의 원리

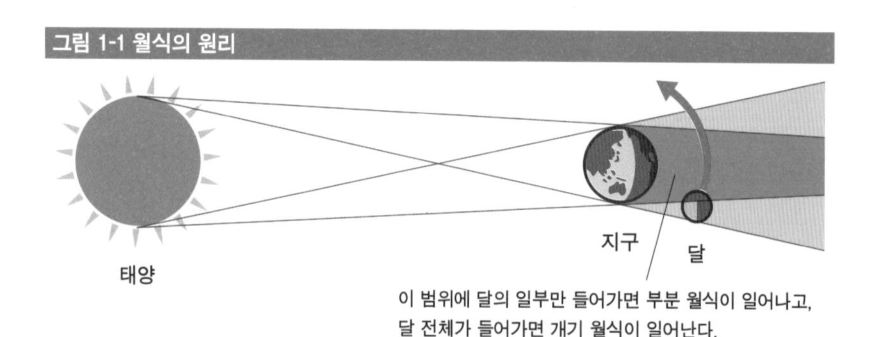


또한 아리스토텔레스는 북쪽이나 남쪽으로 이동해 북극성을 바라보면 북극성의 고도(수평 방향과 별이 보이는 방향이 이루는 각도)가 변한다는 사실을 발견했습니다. 예를 들어 일본의 북위 35°(도) 지점에서 북극성의 고도는 35°인데, 그보다 북쪽에 있는 홋카이도에서는 북극성의 고도가 높

아지고, 남쪽에 있는 오키나와에서는 북극성의 고도가 낮아집니다.

북극성은 엄청나게 멀리 있기 때문에 북극성에서 오는 빛은 지구 어느 곳에서나 평행하게 들어옵니다(그림 1-2). 지구가 평평하다면 북극성의 고도는 어디에서든 똑같겠지만, 지구가 구형이라면 북극성의 고도는 위도에 따라 달라집니다. 즉, 북쪽 또는 남쪽으로 이동해 북극성을 바라보면 고도가 달라진다는 점에서도 지구가 구형이라는 사실을 알 수 있습니다.

**그림 1-2 지구의 모양과 북극성의 고도**

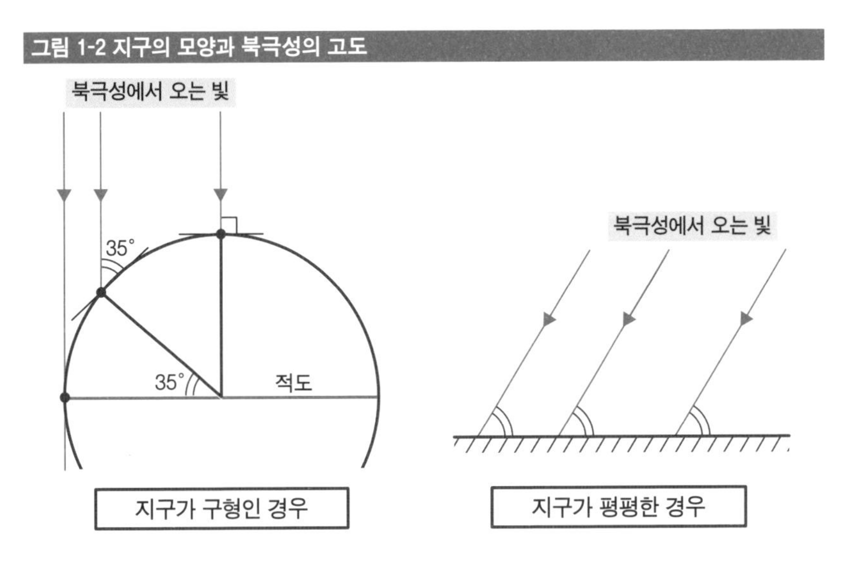


좀 더 친근한 예를 들어보겠습니다. 해안가에 서서 먼바다에서 육지로 다가오는 배를 바라보면 돛대 끝부터 모습을 드러냅니다(그림 1-3). 또 멀리 있는 산을 바라보면 산꼭대기 부근은 보이지만 산기슭은 보이지 않습니다. 지구가 평평하다면 배나 산의 전체 모습이 보여야 합니다. 그런데 지구가 둥근 구형이라고 생각하면 배나 산의 윗부분만 보이는 현상을 설명할 수 있습니다. 평소에는 실감하기 어렵지만, 이러한 일상 속 예를 통해서도 지구가 어떤 모양인지 알 수 있습니다.

그림 1-3 멀리 있는 배와 산의 모습

## 지구의 크기

지구의 크기를 처음으로 측정한 사람은 고대 그리스의 수학자 **에라토스테네스**(기원전 275~기원전 194년)입니다. 에라토스테네스는 하짓날 정오에 이집트의 두 도시 알렉산드리아와 시에네(현재의 아스완)에서 태양의 남중 고도를 측정했습니다. 그 값이 7.2° 차이가 난다는 사실을 발견한 그는 두 지역의 위도 차이가 7.2°일 것이라고 생각했습니다(그림1-4). 또 알렉산드리아는 시에네에서 북쪽으로 약 900km 떨어진 곳에 있습니다.

지구가 구형이라고 가정하면 두 지역의 위도 차이(두 지역 사이의 중심각)와 남북 방향의 거리(호의 길이)는 비례 관계에 있습니다. 즉 부채꼴의 중심각 7.2°에 대응하는 호의 길이가 900km라면 원의 중심각 360°에 대응하는 거리가 지구 둘레의 길이가 됩니다. 따라서 지구 둘레의 길이를 L이라고 하면 다음과 같은 관계식이 성립합니다.

$$7.2 : 900 = 360 : L$$

이것을 계산하면 L=45,000km입니다. 이러한 간단한 계산만으로 에라토스테네스는 지구 둘레의 길이를 구했습니다. 다만 알렉산드리아는 시에네의 정북 방향이 아니라 약간 북서 방향에 있기 때문에 에라토스테네스의 계산에는 약간의 오차가 있습니다. 실제 지구 둘레의 길이는 약

40,000km입니다.

또한 지구 둘레의 길이로부터 지구의 반지름을 구할 수 있습니다. 반지름이 r인 원의 둘레의 길이는 2πr이므로 지구의 반지름을 $R$이라고 하면,

$$2\pi R = 40000$$

입니다. 이를 계산하면 R ≒ 6,400km입니다.

그림 1-4 에라토스테네스의 측정

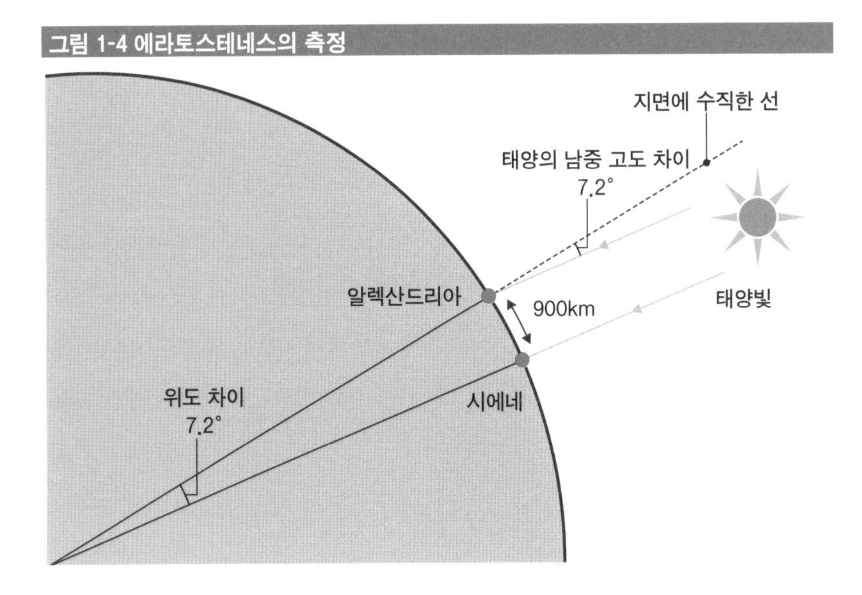


## 위선의 길이

적도의 길이(지구 둘레의 길이)는 약 40,000km이지만, 위선의 길이는 위도에 따라 달라집니다. 위선은 위도 값이 같은 지점을 이은 선을 말합니다. 예를 들어 지구의 반지름을 $R$ ≒ 6,400km라고 하면, 북위 30°의 위선의 길이는 반지름이 $R\cos 30°$인 원둘레의 길이가 됩니다(그림 1-5). 따라서 북위 30°의 위선의 길이는 다음과 같습니다.

$$2\pi R\cos 30° \fallingdotseq 35000\text{km} \qquad (\cos 30° \fallingdotseq 0.8660)$$

또 북위 45°와 북위 60°의 위선의 길이는 각각 반지름이 $R\cos45°$, $R\cos60°$인 원둘레의 길이이므로 식은 다음과 같습니다.

$$2\pi R\cos45° \fallingdotseq 28000\text{km} \qquad (\cos45° \fallingdotseq 0.7071)$$
$$2\pi R\cos60° \fallingdotseq 20000\text{km} \qquad (\cos60° = 0.5000)$$

이처럼 위선의 길이는 위도가 높아질수록 짧아집니다.

**그림 1-5 위선의 길이**

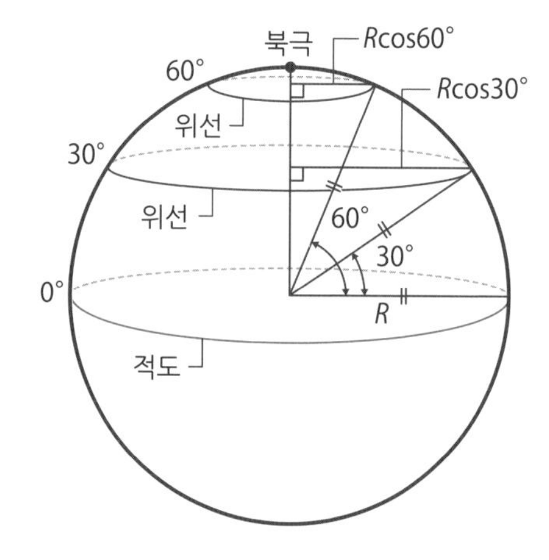


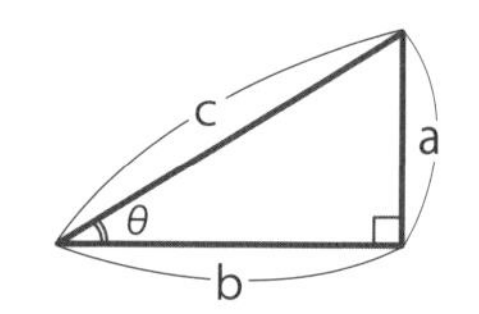


$$\cos\theta = \frac{b}{c} \Leftrightarrow b = c\cos\theta$$

$\theta = 30°$ 일 때

$a : b : c = 1 : \sqrt{3} : 2$

$\cos30° = \dfrac{\sqrt{3}}{2} \fallingdotseq 0.8660$

우리가 흔히 보는 지도(메르카토르 도법이나 람베르트 정적 원통 도법 등)는 경선과 위선이 수직으로 교차하도록 그려져 있습니다. 경도 1° 간 거리(동경 140°와 동경 141° 사이의 거리)는 지도상에서는 같아도 실제로는 위도가 높을수록 짧아집니다(그림 1-6).

그림 1-6 지도상에서 위선의 길이

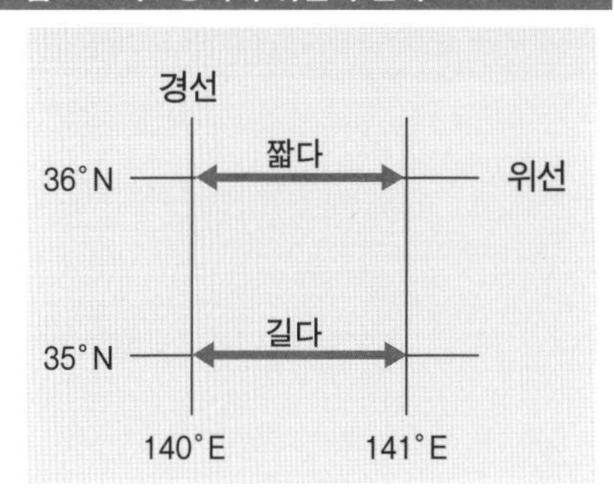


북위 35°는 35°N, 동경 140°는 140°E로 나타낸다.

## 지구 타원체

지구의 모양은 완전한 구형이 아니라 약간 타원형입니다. 이는 지구의 자전에 따른 원심력 때문입니다. 원심력이란 물체가 회전할 때 회전의 중심에서 바깥쪽으로 작용하는 힘을 말합니다. 지구는 지구의 자전축을 중심으로 회전 운동(=자전)을 하기 때문에, 자전축에 대해 바깥쪽으로 원심력이 작용합니다.

지구에 작용하는 원심력의 크기는 자전축으로부터의 거리에 비례합니다. 따라서 지구에서 원심력이 가장 큰 곳은 자전축에서 가장 멀리 떨어져 있는 적도입니다. 또 자전축의 두 극인 북극과 남극에서 원심력의 크기는 0이 됩니다.

원심력의 크기는 적도에서 최대가 되므로, 지구는 적도 부근이 약간 부푼 형태를 띠고 있습니다. 적도에서는 원심력이 크므로 **적도 반지름**(지구 중심에서 적도까지의 거리)이 길어지고, 북극에서는 원심력이 작용하지 않으므로 **극 반지름**(지구 중심에서 북극까지의 거리)은 짧아집니다(그림1-7). 이처럼 지구의 반지름이 장소에 따라 다르다는 점에서 지구는 완전한 구형이 아니라 회전 타원체에 가까운 모양이라는 사실을 알 수 있습니다. 또한 지구의 모양이나 크기와 가장 비슷한 회전 타원체를 **지구 타원체**라고 합니다. 지구 타원체의 적도 반지름은 약 6,378km, 극 반지름은 약 6,357km입니다.

그림 1-7 지구 타원체

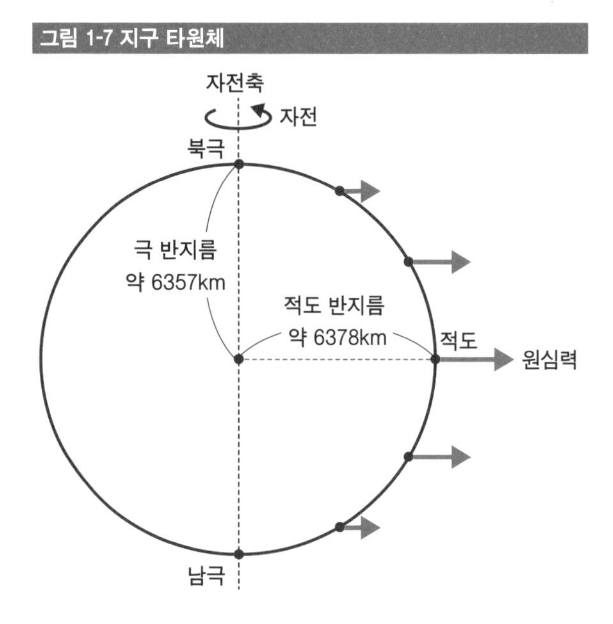


## 위도와 남북 방향의 거리

**위도**란 어느 지점에서 지표면에 내린 수직선이 적도면과 이루는 각입니다(그림 1-8). 북반구에서 수직선과 적도면이 이루는 각이 60°인 지점에서 위도는 북위 60°가 됩니다.

지구 둘레의 길이는 약 40,000km이므로, 이를 360으로 나누면 위도 1° 간 남북 방향의 거리는 약 111.1km가 됩니다. 일본 최초의 실측 지도를 만든 **이노 다다타카**는 1801년 오슈가도(에도시대에 정비된 5개의 큰 대로 중 하나)를 측량하여 위도 1° 간 남북 방향의 거리가 28.2리(약 110.8km)라는 것을 밝혀냈습니다.

지구의 모양이 완전한 구형이라면 위도 1° 간 남북 방향의 거리는 어디에서나 똑같겠지만, 적도 쪽이 약간 부푼 타원형이므로 위도 1° 간 남북 방향의 거리는 위도가 높을수록 길어집니다. 18세기에 **프랑스 학사원**(프랑스 학술 단체)이 현재의 에콰도르와 라플란드(스칸디나비아 반도 북부)에서 위도 차이가 1°인 남북 방향의 거리를 측정했습니다. 에콰도르(남위 1.5°)에서는 110.6km, 라플란드(북위 66.3°)에서는 111.9km라는 결과가 나와 위도에 따라 차이가 난다는 사실을 밝혀냈습니다.

**그림 1-8 위도**

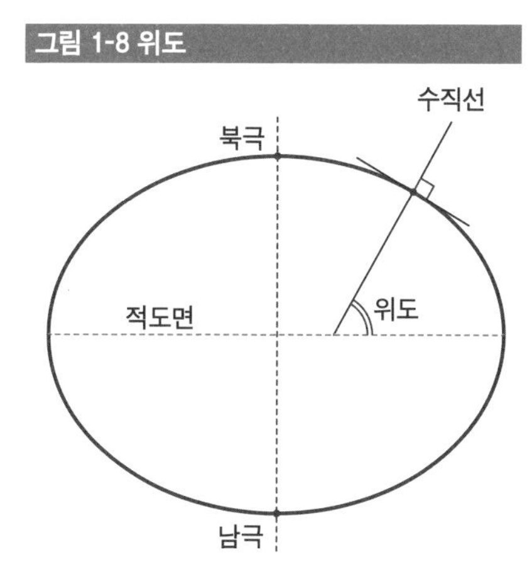


## 지구의 중력

질량을 가진 모든 물체 사이에는 서로 끌어당기는 힘이 작용합니다. 이 힘을 **만유인력**이라고 합니다. 만유인력의 크기는 두 물체의 질량의 곱에 비례하고 물체 사이의 거리의 제곱에 반비례합니다. 두 물체의 질량을 각각 M, m이라고 하고 물체 사이의 거리를 R이라고 하면, 만유인력의 크기 f1은 다음과 같이 나타낼 수 있습니다(그림 1-9).

$$f_1 = G\frac{Mm}{R^2} \quad (G : \text{만유인력 상수})$$

**그림 1-9 만유인력**

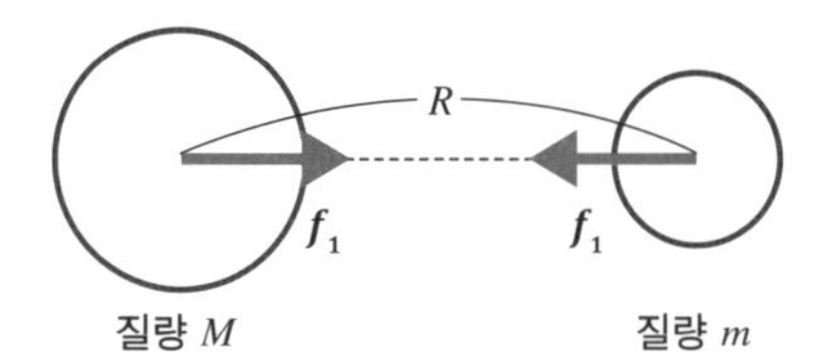


지구상의 물체에는 지구의 질량에 의한 만유 인력이 작용하고 있습니다. 지구의 모양은 적도 쪽이 부푼 회전 타원체이기 때문에 지구 위의 물체와 지구 중심 사이의 거리는 적도에서 가장 길고, 극에서 가장 짧습니다. 따라서 지구 위의 물체에 작용하는 만유인력은 어디에서나 같은 것이 아니라 적도에서 가장 작고 극에서 가장 큽니다.

또 지구 위의 물체에 작용하는 원심력은 위도가 낮을수록 크며 적도에서 최대가 되고 극에서는 작용하지 않습니다. 일반적으로 지구 위의 물체에 작용하는 원심력은 만유인력보다 훨씬 작으며, 적도에서 원심력의 크기는 만유인력의 크기의 약 300분의 1밖에 되지 않습니다.

**그림 1-10 지구 위의 물체에 작용하는 중력**

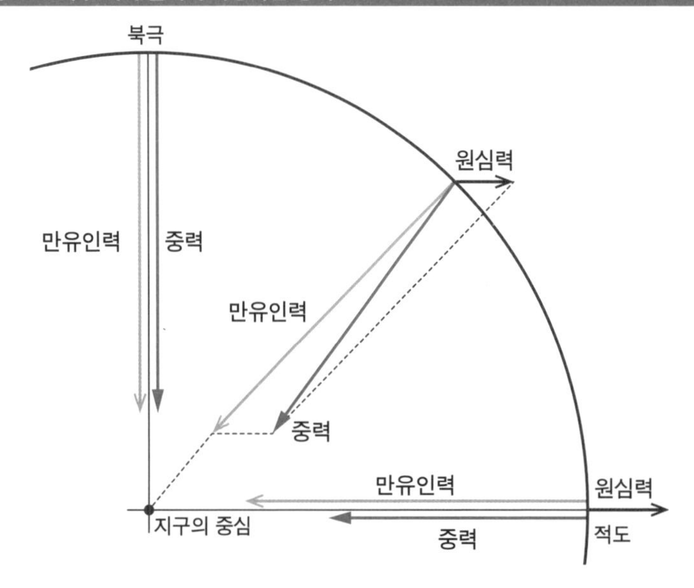

이와 같이 지구 위의 물체에는 만유인력과 원심력이 작용하는데, 이 두 힘의 합력을 **중력**이라고 합니다(그림 1-10).

일반적으로 두 힘의 합력은 두 힘을 이웃하는 두 변으로 하는 평행사변형을 그렸을 때 대각선이 됩니다. 다시 말해, 중력은 만유인력과 원심력을 두 변으로 하는 평행사변형의 대각선으로 나타낼 수 있습니다.

적도에서는 만유인력과 원심력의 방향이 서로 반대이므로 중력은 작아집니다. 극에서는 원심력이 작용하지 않으므로 중력과 만유인력의 크기는 같습니다. 따라서 지구 위의 물체에 작용하는 중력은 적도에서는 최소가 되고 극에서는 최대가 됩니다.

지구 위의 물체가 중력을 받아 아래로 떨어질 때의 가속도(단위 시간당 속도 증가율)를 **중력 가속도**라고 합니다. 지표 부근의 평균적인 중력 가속도는 약 9.8m/s$^2$입니다. 이것은 물체가 떨어지는 동안 1초에 약 9.8m/s씩 속도가 증가한다는 의미입니다. 단 적도에서는 중력이 작기 때문에 중력 가속도는 약 9.78m/s$^2$이며, 극에서는 중력이 크기 때문에 중력 가속도는 약 9.83m/s$^2$입니다.

이처럼 중력의 크기는 장소에 따라 다르기 때문에 우리의 몸무게도 재는 장소에 따라 달라집니다. 적도에서는 몸무게가 조금 줄지만, 극에서는 조금 늘어납니다. 일본에서도 저위도 지역인 오키나와에서는 중력 가속도가 약 9.79m/s$^2$이지만, 고위도 지역인 홋카이도에서는 약 9.80m/s$^2$이 됩니다. 몸무게는 측정 장소에 따라 값이 달라지므로, 이를 보정하기 위해 사용 지역을 설정할 수 있는 체중계도 있습니다.

# 지구의 내부 구조

## 지각의 구조

지구의 표면을 덮고 있는 암석층을 **지각**이라고 합니다. 지각을 구성하는 원소에는 질량비 기준으로 산소(O) 46%, 규소(Si) 28%, 알루미늄(Al) 8%, 철(Fe) 5% 등이 있습니다. 또 대륙과 해양은 지각을 구성하는 암석의 종류가 크게 달라 대륙 지각과 해양 지각으로 나뉩니다.

**대륙 지각**은 두께가 30~60km로, 상부는 화강암질(질량비로 이산화규소($SiO_2$)를 약 70% 포함) 암석, 하부는 현무암질(질량비로 $SiO_2$를 약 50% 포함) 암석으로 구성되어 있습니다. **해양 지각**은 두께가 5~10km이며, 주로 현무암질 암석으로 이루어져 있습니다(그림 1-11).

그림 1-11 지각의 구조

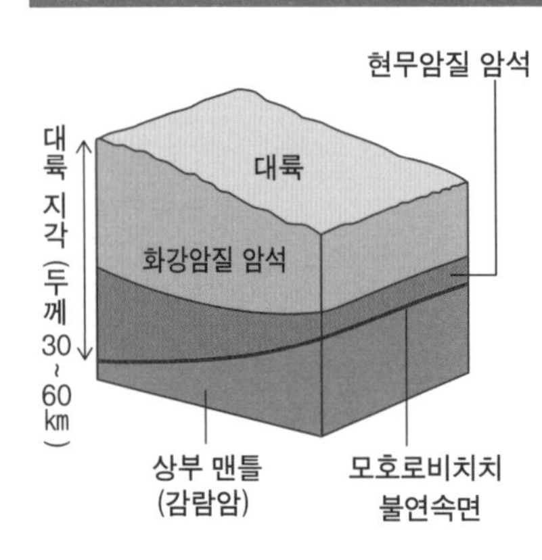


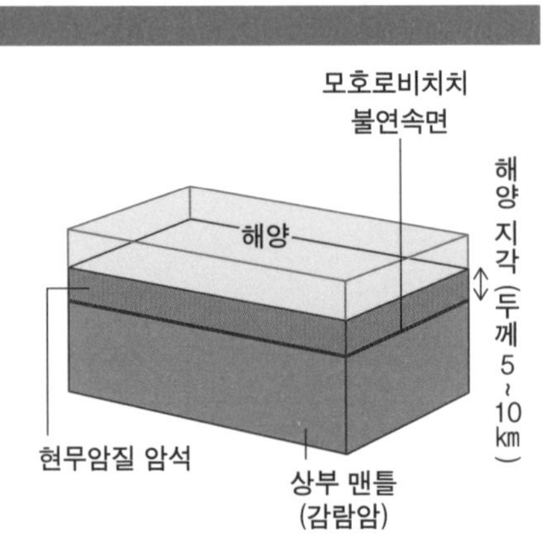

지각 아래로부터 깊이 약 2,900km까지의 영역을 **맨틀**이라고 합니다. 맨틀을 구성하는 원소에는 질량비 기준으로 산소(O) 45%, 마그네슘(Mg) 23%, 규소(Si) 21%, 철(Fe) 6% 등이 있습니다.

지각과 맨틀 사이에는 지진파의 속도가 변화하는 경계면이 있는데, 이 경계면을 발견한 구 유고슬라비아의 지진학자 모호로비치치(1857~1936년)의 이름을 따서 **모호로비치치 불연속면**이라고 부릅니다. 모호로비치치 불연속면보다 위쪽에는 지각이 있고 아래쪽에는 맨틀이 있습니다. 지진파가 지각에서 맨틀로 전달되면 지진파의 속도는 증가합니다.

지진은 지하의 암반이 파괴되었을 때 발생합니다. 또한 지진파는 암반의 파괴가 시작된 곳에서 발생합니다. 지진파가 최초로 발생한 지점을 **진원**이라고 하고, 그 바로 위쪽의 지표에 해당하는 지점을 **진앙**이라고 합니다.

지진파에는 지각 내부를 통과해 관측점에 도착하는 **직접파**와 지각과 맨틀의 경계면에서 굴절하여 관측점에 도착하는 **굴절파**가 있습니다(그림 1-12). 지각 내부의 비교적 얕은 곳에서 지진이 발생했을 때 지진파가 도달하는 시간을 관측하면 진앙과 가까운 관측점에서는 직접파가 굴절파보다 먼저 도착하지만, 진앙과 멀리 떨어진 관측점에서는 굴절파가 직접파보다 먼저 도착합니다. 굴절파가 전달되는 경로는 직접파가 전달되는 경로보다 길어지지만, 맨틀에서는 지각보다 지진파의 속도가 빨라지기 때문에 직접파보다 맨틀을 통과하는 굴절파가 먼저 관측점에 도착하는 것입니다. 이와 같이 모호로비치치는 지진파의 도착 시간을 관측해 지구 내부의 깊은 곳에 지진파의 속도가 빠른 영역(맨틀)이 있다는 사실을 발견했습니다.

지진파가 진원으로부터 관측점에 도달하는 데 걸리는 시간을 **주행 시간**이라고 합니다. 주행 시간을 가로축으로, 진앙 거리(진앙에서 관측점까지의 거리)를 세로축으로 하는 그래프를 **주시 곡선**이라고 합니다(그림 1-12).

그림 1-12 직접파와 굴절파의 전달 경로와 주시 곡선

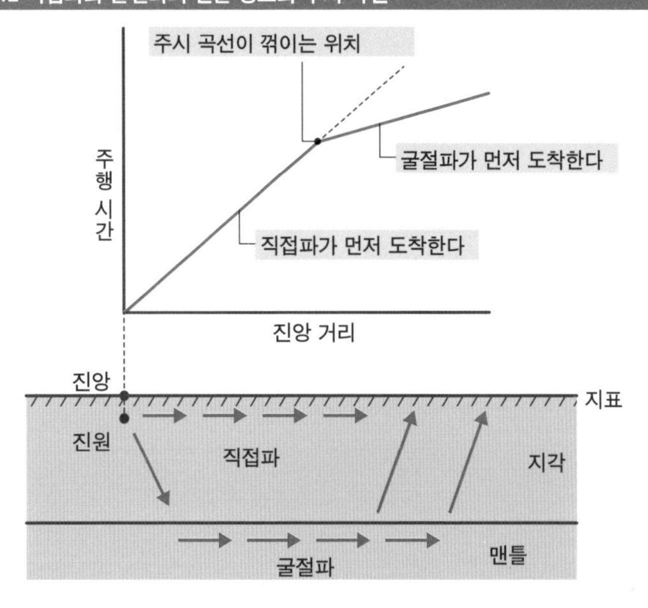


## 지각의 두께

주시 곡선을 살펴보면, 진앙 거리가 먼 곳에서는 굴절파가 직접파보다 먼저 도착하기 때문에 주행 곡선은 도중에 꺾이는 부분이 나타납니다. 또한 주시 곡선이 꺾이는 지점에서는 직접파와 굴절파가 동시에 도착합니다(그림 1-12).

실제 지진 데이터로 작성된 주시 곡선은 진앙 거리 150km 지점에서 꺾이는 경우도 있고, 진앙 거리 250km 지점에서 꺾이는 경우도 있습니다. 주시 곡선이 꺾이는 위치는 지각의 두께와 관련이 있습니다.

지각이 얇은 지역에서는 지진파가 약간 깊은 곳까지 진행하면 맨틀을 통과하면서 속도가 증가하므로 금세 직접파를 따라잡습니다. 따라서 주시 곡선이 꺾이는 위치는 진앙 거리가 가까운 곳이 됩니다.

그런데 지각이 두꺼운 지역에서는 상당히 깊은 곳까지 지진파가 진행되어야만 맨틀을 통과하여 속도가 증가할 수 있습니다. 그 사이 직접파는

꽤 멀리까지 전달되기 때문에, 굴절파는 진앙 거리가 먼 곳에서 직접파를 따라잡습니다. 그래서 주시 곡선이 꺾이는 위치는 진앙 거리가 먼 곳이 됩니다(그림 1-13).

**그림 1-13 지각의 두께와 지진파의 전달 경로**

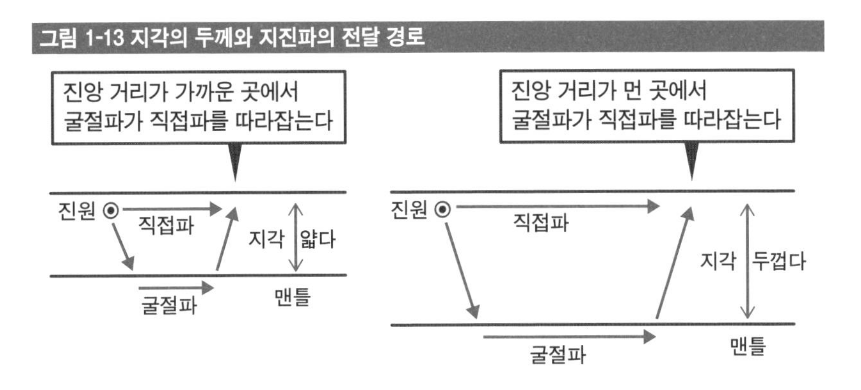


이처럼 주시 곡선이 꺾이는 위치는 지각의 두께와 관계가 있으므로, 지진파의 도착 시간을 관측해 주시 곡선이 꺾이는 위치를 분석하면, 그 지역의 지각의 두께를 추정할 수 있습니다.

## 지각 평형

일반적으로 나무 조각은 물보다 밀도가 낮아 물에 넣으면 위로 뜹니다. 마찬가지로 지각은 맨틀보다 밀도가 낮기 때문에 맨틀 위에 떠 있다고 볼 수 있습니다.

지각이 두꺼운(해발 고도가 높은) 곳에서는 주위보다 지각의 질량이 크므로 아래로 향하는 중력의 크기도 커집니다. 한편, 그 지하에서는 지각이 맨틀 속으로 깊숙이 들어가 있기 때문에 위로 향하는 부력이 작용합니다. 마치 물속에 넣은 나무 조각이 위로 향하는 부력을 받아 물 위로 뜨는 상황과 비슷합니다. 이처럼 지각에 작용하는 두 힘, 즉 아래로 향하는 중력과 위로 향하는 부력이 평형을 이루는 것을 **아이소스타시** 또는 **지각 평형**이라고 부릅니다.

북유럽의 스칸디나비아 반도는 **마지막 빙하기**(약 7만 년 전~1만 년 전)에는 두꺼운 얼음으로 덮여 있었습니다. 지금은 그 얼음이 대부분 녹으면서 얼음의 무게가 가벼워졌고, 그 때문에 중력이 줄어 지각에는 부력이 작용하고 있습니다. 즉, 지각 평형이 이루어지지 않은 상태입니다. 지각에 작용하는 중력보다 부력이 더 크기 때문에 마지막 빙하기가 끝난 약 1만 년 전부터 현재까지 스칸디나비아 반도에서는 지각의 융기가 계속 일어나고 있습니다(그림 1-14).

스웨덴의 **하이 코스트**와 핀란드의 **크바르켄 군도**는 지각 평형에 따른 지각의 융기량이 특히 크기 때문에 유네스코 세계자연유산으로 등재되었습니다. 또한 크바르켄 군도에서는 빙하가 녹아 형성된 **모레인**(빙퇴석)을 볼 수 있습니다. 빙퇴석은 빙하가 서서히 이동하며 암석을 깎으면서 운반한 암석 알갱이가 퇴적되어 만들어진 지형입니다.

**그림 1-14 마지막 빙하기 이후 스칸디나비아 반도의 융기량**

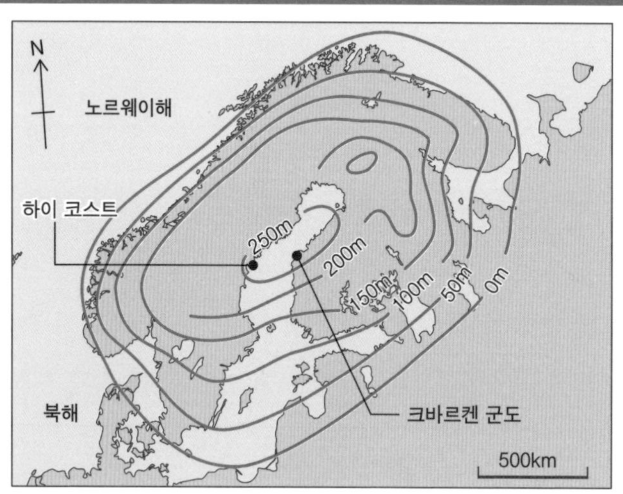

## 맨틀과 핵의 구조

지각 아래 약 2,900km까지 이어지는 맨틀은 지구 전체 부피의 약 83%를 차지합니다. 맨틀 내부의 깊이 약 660km에는 지진파 속도가 달라지는 경계면이 있는데, 이를 경계로 맨틀은 **상부 맨틀**과 **하부 맨틀**로 나뉩니다. 상부 맨틀은 주로 감람암으로 이루어져 있습니다.

깊이 약 2,900km보다 깊은 부분을 **핵**이라고 합니다. 지각과 맨틀은 주로 암석으로 이루어져 있고, 핵은 주로 금속으로 이루어져 있습니다. 핵을 구성하는 원소에는 질량비 기준으로 철(Fe) 90%, 니켈(Ni) 5% 등이 있습니다. 이처럼 맨틀과 핵은 구성 물질이 서로 다르므로 맨틀과 핵의 경계면에서 밀도가 급격하게 변합니다(그림 1-15).

**그림 1-15 지구 내부의 밀도와 압력**

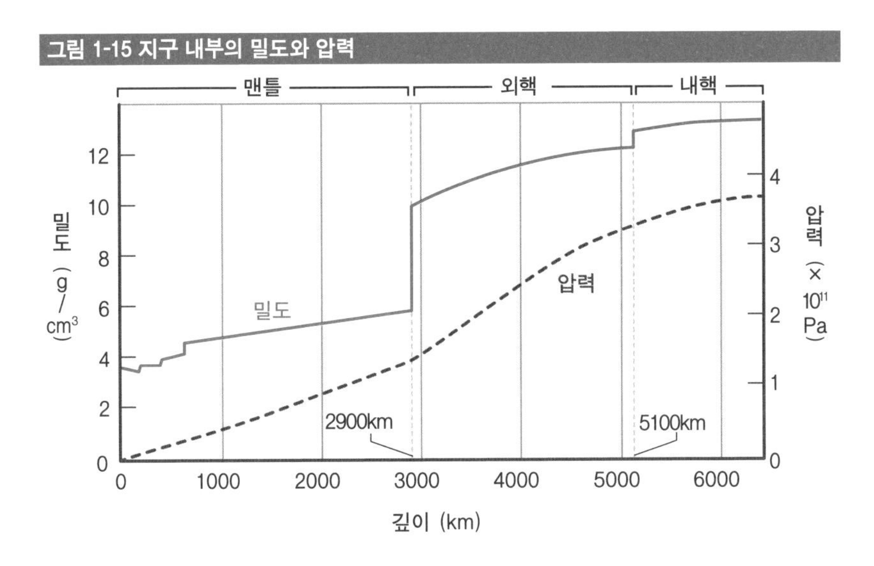


핵은 다시 깊이 약 5,100km를 경계로 바깥쪽 **외핵**과 안쪽 **내핵**으로 나뉩니다. 외핵은 액체 상태이고, 내핵은 고체 상태입니다. 일반적으로 지구 내부는 깊은 곳일수록 온도가 높아지는데, 외핵의 최상부는 약 3,000~4,000℃, 지구의 중심부는 약 5,000~6,000℃로 추정됩니다. 이처럼 외핵보다 내핵의 온도가 더 높은데도 외핵은 액체 상태이고 내핵은 고체 상태인 이유는 지구 내부로 들어갈수록 압력이 높아지기 때문입니다(그림

1-15). 일반적으로 압력이 높아질수록 물질은 잘 녹지 않습니다.

지진파에는 **P파**와 **S파**가 있습니다. 이 중 P파는 고체, 액체, 기체를 모두 통과할 수 있지만, S파는 고체만 통과할 수 있습니다. 지진이 일어날 때 진원에서는 P파와 S파가 동시에 발생합니다.

국외에서 발생한 지진의 경우처럼 진앙 거리가 매우 먼 지진을 **원거리 지진**이라고 합니다. 원거리 지진의 진앙 거리는 진원-지구 중심-관측 지점을 연결했을 때 생기는 각도로 나타냅니다.

**그림 1-16 원거리 지진의 주시 곡선**

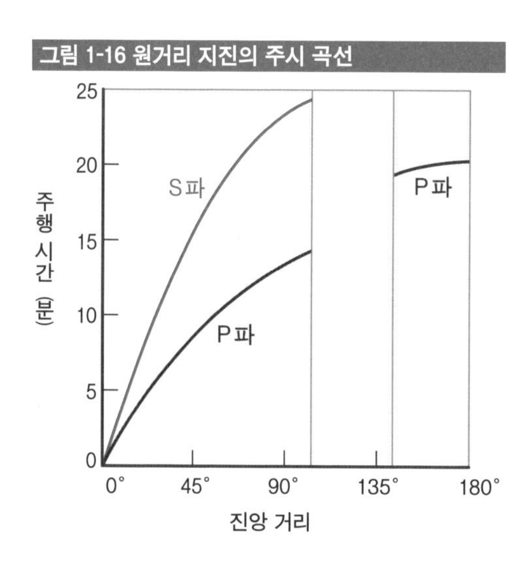


원거리 지진이 발생하면 진앙 거리 0°~103° 범위에서는 P파와 S파가 모두 관측됩니다(그림 1-16). 이 범위에 도달하는 지진파는 맨틀을 통과해온 것입니다(그림 1-17). 지구 내부(맨틀)가 고체 상태라는 사실은 상식으로 받아들여지고 있지만, 직접 우리 눈으로 맨틀의 물질이 고체라는 것을 확인할 수는 없습니다. 하지만 고체만 통과할 수 있는 S파가 맨틀을 통과해 진앙 거리 0°~103° 범위에서 관측된다는 점에서 맨틀이 고체 상태라는 것을 과학적으로 이해할 수 있는 것입니다.

그림 1-17 지구 내부의 지진파의 전달 경로

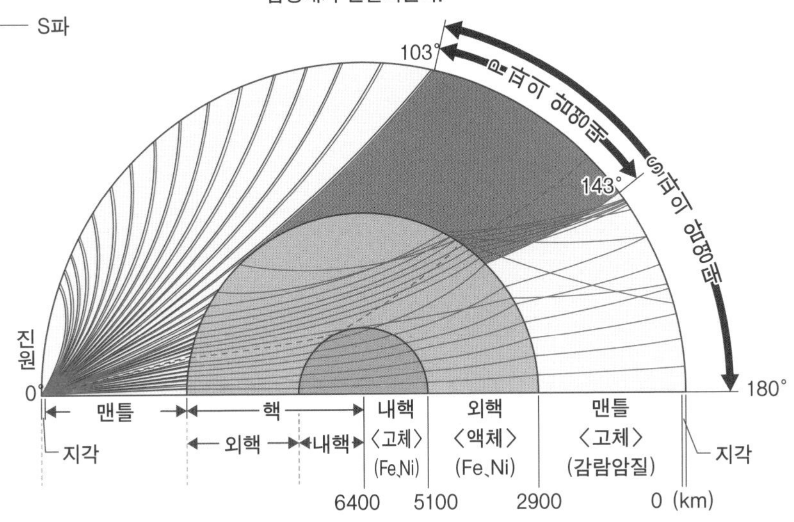


깊이 약 2,900km에는 맨틀과 외핵의 경계면이 있으므로, 이 경계면에서 P파가 크게 굴절합니다. 따라서 진앙 거리 103°~143° 범위에서는 P파가 도달하지 못합니다. 이처럼 지진파가 도달하지 못하는 영역을 **암영대**라고 부릅니다.

진앙 거리 143°~180° 범위에서는 P파는 도달하지만, S파는 도달하지 못합니다. 이 범위에서 도달하는 지진파는 외핵을 통과한 P파만 관측되므로 외핵은 액체 상태일 것으로 추정하고 있습니다. S파는 액체 상태인 외핵을 통과할 수 없으므로, 진앙 거리 103° 이상인 곳에서는 S파가 관측되지 않습니다.

또한 진앙 거리 103°~143° 범위의 P파 암영대에서 약한 P파가 관측될 수 있습니다. 이 P파는 깊이 약 5,100km 깊이의 외핵과 내핵의 경계면에서 반사된 것입니다. 이러한 P파의 관측을 통해 외핵과 내핵의 경계면이 발견되었습니다.

이처럼 지구 전역에서 지진파를 관측하면 지구 내부의 구조나 물질의 상태를 추정할 수 있습니다. 또 지진파가 도착하는 데 걸리는 시간을 알면 지구 내부를 통과하는 지진파의 속도도 구할 수 있습니다(그림 1-18).

**그림 1-18 지구 내부의 지진파 속도**

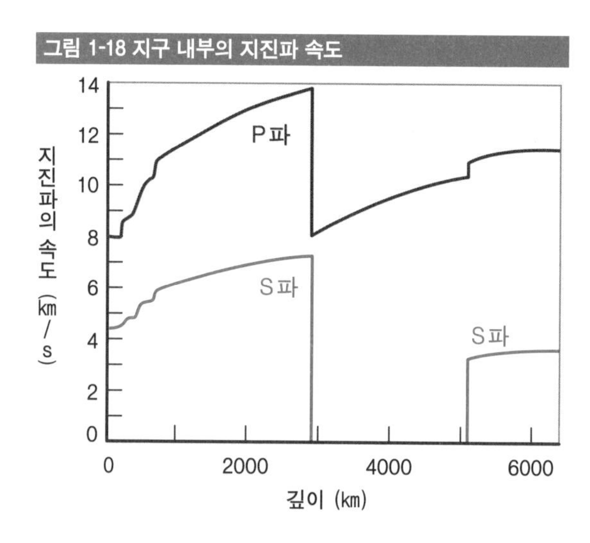

# 제 2 장

# 판의 운동

# 판의 분포

## 암석권과 연약권

지구 내부는 암석의 강도에 따라 구분하기도 합니다. 지구의 표면을 덮고 있는 단단한 암석층을 암석권이라고 합니다(그림 2-1). 암석권은 약 100km의 두께를 가지며, 지각과 맨틀의 최상부를 포함합니다.

**그림 2-1 지구 내부의 구분**

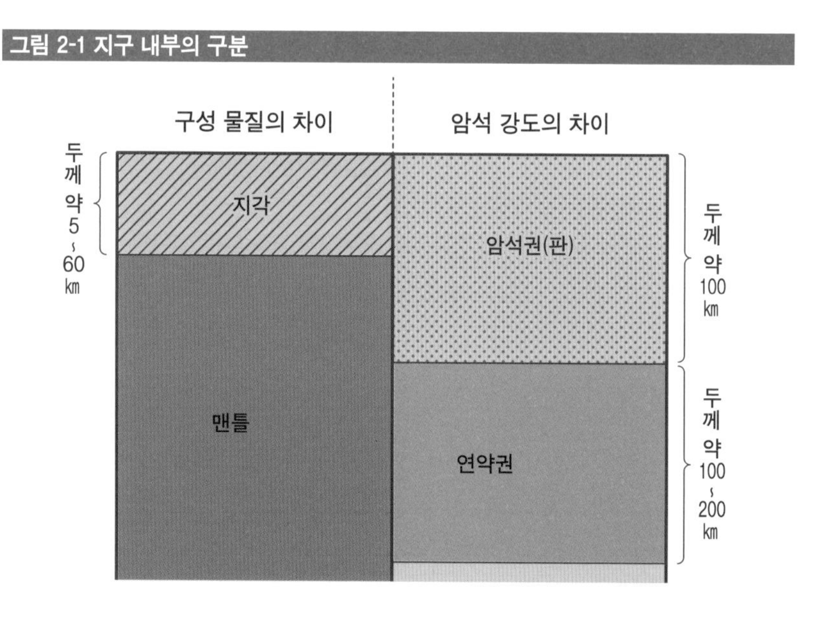


암석권은 십여 개의 조각으로 나뉘어 있는데, 이 각각의 조각을 판이라고 합니다(그림 2-2). 특히, 대륙을 구성하는 판은 대륙판라고 하며, 해양저

를 구성하는 판은 해양판이라고 합니다.

한편 암석권(판) 아래에는 좀 더 무르고 유동성을 지닌 암석층이 있습니다. 이것을 연약권이라고 하며, 두께는 약 100~200km입니다.

지각과 맨틀은 구성 물질(암석)의 차이에 따라 구분되며, 암석권과 연약권은 암석 강도의 차이에 따라 구분된 것입니다. 이처럼 지구 내부는 다른 기준을 적용해 구분하기도 합니다.

**그림 2-2 전 세계 판의 분포**

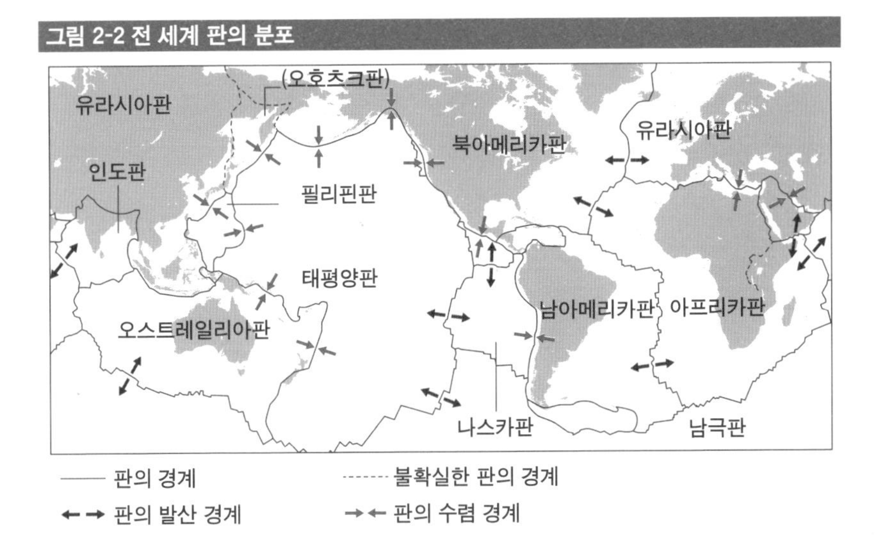


## 판 구조론

판은 연약권 위를 1년에 몇 센티미터 속도로 수평 방향으로 이동합니다. 이러한 판의 운동으로 지진 활동과 화산 활동, 대지형의 형성 등을 설명하는 이론을 **판 구조론**이라고 합니다.

예를 들어, 지진이 자주 발생하는 곳은 판의 경계와 거의 일치합니다(그림 2-3). 일본은 4개의 판이 만나는 경계에 위치하고 있어 전 세계에서 발생하는 지진의 약 20%를 차지할 정도로 지진이 잦습니다. 또한 깊은 곳에서 발생하는 지진은 태평양을 둘러싸고 있는 지역에서 자주 발생합니다.

## 그림 2-3 전 세계 지진의 진원 분포

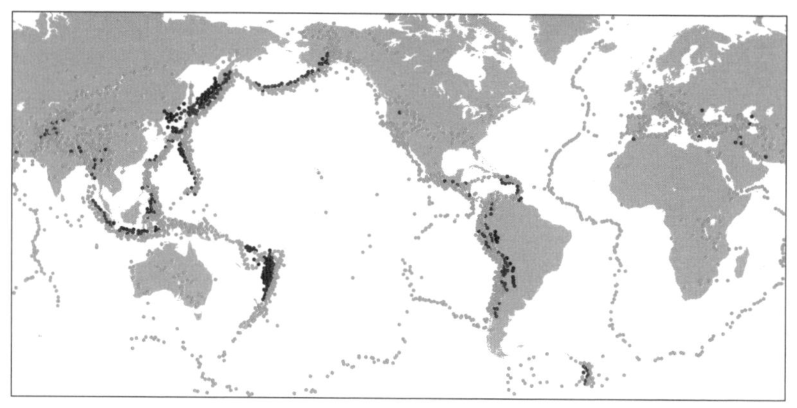

# 판의 경계

## 판의 확장 경계

지구의 표면을 덮고 있는 판들은 각각 다른 방향으로 움직이기 때문에 판과 판 사이에는 3가지 종류(확장 경계, 수렴 경계, 보존 경계)의 경계가 형성됩니다. 이 중 두 판이 서로 멀어지는 경계를 **확장 경계** 또는 발산 경계라고 합니다. 이 확장 경계에서는 지구 내부에서 상승한 마그마가 식으면서 새로운 판이 만들어집니다.

그림 2-4 해령의 모식도

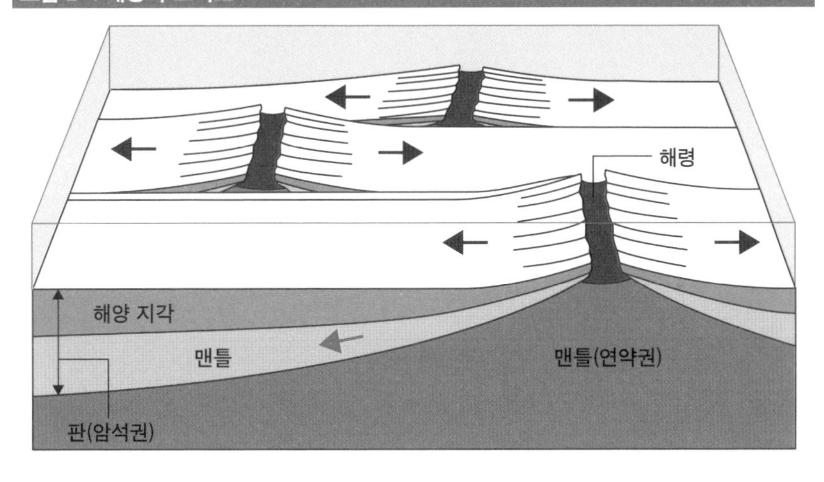


해저에서 판이 생성되는 곳에서는 마그마가 상승하면서 화산 활동이 일어나고, 그 결과 **해령**이라고 부르는 거대한 해저 산맥이 형성됩니다(그림

2-4). 예를 들어 태평양판과 나스카판이 서로 멀어지는 경계에는 **동태평양 해령**이 있으며, 남아메리카판과 아프리카판이 서로 멀어지는 경계에는 **대서양 중앙 해령**이 있습니다. 해령에서 막 생성된 판은 두께가 10km 정도로 얇지만, 해령에서 멀어질수록 온도가 떨어져 연약권의 최상부가 판에 달라붙게 되면서 두께가 두꺼워집니다.

북대서양에 있는 아이슬란드는 대서양 중앙 해령이 해수면 위로 드러난 섬으로, 북아메리카판과 유라시아판 사이의 확장 경계에 자리 잡고 있습니다(그림 2-5). 그래서 아이슬란드에서는 지각이 갈라져 생긴 지형인 **열곡**을 볼 수 있습니다. **아이슬란드 싱벨리어 국립공원**은 확장 경계에 있어 대지가 벌어진 틈을 직접 눈으로 볼 수 있는 곳으로서 중요한 의미가 있으며, 또 세계 최초의 의회가 열린 역사적인 장소이기 때문에 유네스코 세계문화유산으로 등재되었습니다.

**〈그림 2-5〉 아이슬란드의 확장 경계**

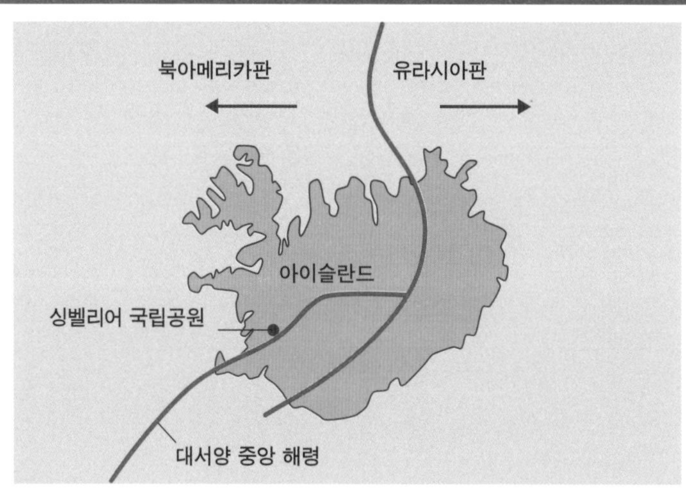


또 대륙에서 판이 떨어져 나간 곳에는 **지구대**(리프트 밸리)라는 거대한 계곡 형태의 지형이 형성됩니다. 동아프리카에는 **대지구대**라는 남북으로 뻗어 있는 거대한 지구대가 있습니다. 그 지하에서는 맨틀 물질이 상승하고 있기 때문에 지하의 온도가 높아 화산 활동이 활발하게 일어나고 있습니다. 대지구대는 지금으로부터 약 1,000만 년 전에 판이 갈라지기 시작했으며, 앞으로 수백만 년 뒤에는 아프리카 대륙이 갈라질 것이라는 예측도 있습니다.

## 판의 수렴 경계

두 판이 서로 가까워지는 경계를 **수렴 경계**라고 합니다. 해저에서 판이 가까워지는 곳에서는 해구나 해곡 같은 깊은 골짜기가 형성됩니다. 해저의 골짜기 중 수심이 6,000m 보다 깊은 곳은 **해구**라고 하고, 6,000m보다 얕은 곳은 **해곡**이라고 합니다. 동일본의 태평양 쪽에는 쿠릴-캄차카 해구, 일본 해구, 이즈-오가사와라 해구 등이 있고, 서일본의 태평양 쪽에는 난카이 해곡과 스루가 해곡 등이 있습니다.

일본 주변에는 4개의 판이 모여 있으며, 그 경계(해구나 해곡)에서는 판이 밀려 들어가고 있습니다(그림 2-6).

**〈그림 2-6〉 일본 주변의 판의 분포**

동일본에서는 **태평양판**이 일본 해구나 쿠릴-캄차카 해구에서 **북아메리카판** 아래로 밀려 들어가고 있습니다. 서일본에서는 **필리핀판**이 난카이 해곡과 스루가 해곡에서 **유라시아판** 아래로 밀려 들어가고 있습니다. 또한 일본의 남쪽에서는 태평양판이 이즈-오가사와라 해구에서 필리핀판 밑으로 들어가고 있습니다.

해양판은 해령에서 생성되어 해구 쪽으로 이동하면서 냉각되어 밀도가 높아집니다. 태평양판이나 필리핀판 등의 해양판은 북아메리카판이나 유라시아판 등의 대륙판보다 밀도가 높기 때문에 대륙판과 해양판이 만나는 수렴 경계에서는 밀도가 높은 암석으로 구성된 해양판이 밀도가 낮은 암석으로 구성된 대륙판 아래로 밀려 들어갑니다. 이처럼 두 판이 만났을 때 한 판이 다른 판 아래로 밀려 들어가는 현상을 **섭입**이라고 합니다.

## 부가체

해양판 위에는 해저 퇴적물이 쌓여 있습니다. 해양판이 해구에서 섭입될 때 해저 퇴적물 중 일부는 떨어져 나와 대륙판의 끝에 붙으면서 대륙판의 일부가 됩니다. 이러한 부분을 **부가체**라고 합니다(그림 2-7).

일본 열도 주변에서는 약 5억 년 전부터 해양판이 섭입되면서 부가체가 형성되었습니다. 이 부가체에 포함된 석회암을 미네시의 아키요시다이(야마구치현)와 기타큐슈시의 히라오다이(후쿠오카현) 등에서 볼 수 있습니다.

**석회암**은 탄산칼슘($CaCO_3$)을 주성분으로 하며, 탄산칼슘 성분의 껍데기를 가진 유공충, 산호, 조개껍데기 등이 해저에 퇴적되어 형성됩니다. 아키요시다이 석회암은 약 3억 4,000만 년 전 해저 화산의 수심이 얕은 곳에서 형성된 산호초가 형성되어, 그것이 판의 이동으로 해구로 운반되어, 약 2억 6,000만 년 전 부가체에 포함된 것입니다. 그 후에도 부가체가 계속해서 성장했기 때문에 이 석회암은 내륙으로 밀려 들어오면서 상승하여 지표에 드러나게 된 것입니다(그림 2-7). 이 아키요시다이 석회암에서는 약 3억 년 전 바다에 살았던 방추충, 산호 등의 화석이 발견되었습니다.

그림 2-7 부가체에 포함된 석회암

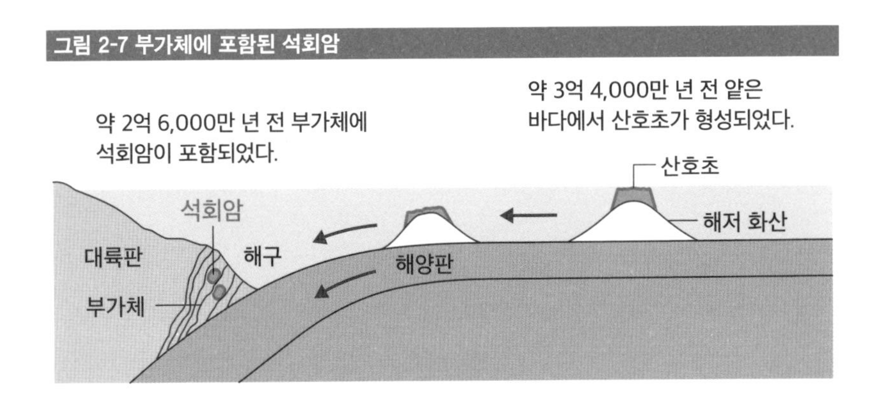


일본 열도는 대부분 부가체를 기원으로 하는 암반으로 구성되어 있습니다. 지금도 일본의 태평양 쪽에서는 부가체가 형성되고 있으므로 일본 열도는 계속 성장하고 있다고 볼 수 있습니다.

## 카르스트 지형

부가체에 포함된 석회암은 부가체가 성장함에 따라 위로 솟아올라 지표에 드러나게 됩니다. 탄산칼슘을 주성분으로 하는 석회암은 이산화탄소를 포함한 빗물이나 지하수와 만나면 화학 반응을 일으켜 일부가 물에 녹게 됩니다. 이렇게 해서 암석이 분해되는 현상을 **화학적 풍화**라고 합니다. 또한 석회암이 녹아서 생긴 특징적인 지형을 **카르스트 지형**이라고 합니다.

지상의 석회암 중 빗물에 녹지 않고 남은 석회암은 마치 땅 위에 솟아 있는 기둥 같은 형태를 띠게 됩니다(그림 2-8). 이러한 석회암의 돌출부를 **피너클**이라고 합니다.

그림 2-8 아키요시다이의 지상의 석회암(피너클)

또한 지표의 석회암이 녹아서 형성된 웅덩이처럼 움푹 팬 지형을 **돌리네***라고 합니다. 아키요시다이의 지표에도 많은 돌리네가 분포하고 있습니다(그림 2-9). 작은 돌리네 몇 개가 이어져 커다란 웅덩이 형태로 만들어진 지형을 **우발레**라고 합니다.

석회암이 분포하는 지역에는 지표만이 아니라 지하에도 특징적인 지형이 만들어집니다. 지하의 석회암이 지하수에 녹아 만들어지는 동굴을 **석회 동굴**이라고 합니다. 아키요시다이의 지하에는 **아키요시동굴**이라는 대규모 석회 동굴이 있습니다(그림 2-10). 지상의 돌리네를 통해 빗물이 지하로 흘러 들어가 석회 동굴 내에는 지하수가 흐르기도 합니다.

*돌리네(Doline) : 석회암으로 이루어진 카르스트 지형에서 관찰되는 원형 또는 타원형의 움푹 파인 땅. 석회암이 물에 용해되기 때문에 생긴다.

그림 2-9 아키요시다이의 돌리네

2-10 아키요시다이 지하의 석회 동굴(아키요시동굴)

## 조산대

두 판이 서로 가까워지는 수렴 경계는 다시 둘로 나뉩니다. 해양판이 대륙판 아래로 섭입되는 경계를 **섭입 경계**(섭입대)라고 하고, 두 대륙판이 충돌하는 경계를 **충돌 경계**(충돌대)라고 합니다. 이러한 판의 경계에서는 대산맥이 형성되기도 합니다. 이러한 대산맥을 형성하는 지각 변동이 일어나는 지대를 **조산대**라고 합니다(그림 2-11).

섭입 경계에서 형성된 대산맥에는 일본 열도와 안데스 산맥 등이 있습니다. 안데스 산맥의 서쪽에는 칠레 해구가 있으며, 이곳에서는 나스카판이 남아메리카판 아래로 섭입되고 있습니다. 한편 충돌 경계에서 형성된 대산맥에는 히말라야 산맥과 알프스 산맥 등이 있습니다.

그림 2-11 섭입 경계와 충돌 경계에서 형성된 대산맥

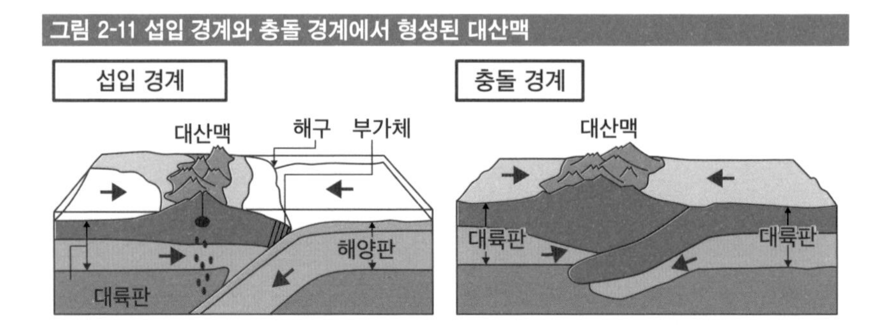


약 2억 년 전 인도는 유라시아 대륙의 일부가 아니라, 별도의 고(古) 인도 대륙으로서 남반구에 있었습니다. 그 후 고 인도 대륙은 판의 이동에 의해 북상하여 약 4,000만 년 전 아시아 대륙과 충돌했습니다(그림 2-12). 고 인도 대륙과 아시아 대륙을 포함한 각각의 대륙판은 밀도가 낮은 암석으로 이루어져 있기 때문에 밀도가 높은 해양판처럼 지구 내부로 섭입되지 못하고, 충돌하는 경계에서 대륙이 밀려 올라가 현재의 히말라야 산맥이 형성되었습니다.

그림 2-12 고 인도 대륙의 북상과 히말라야 산맥의 형성

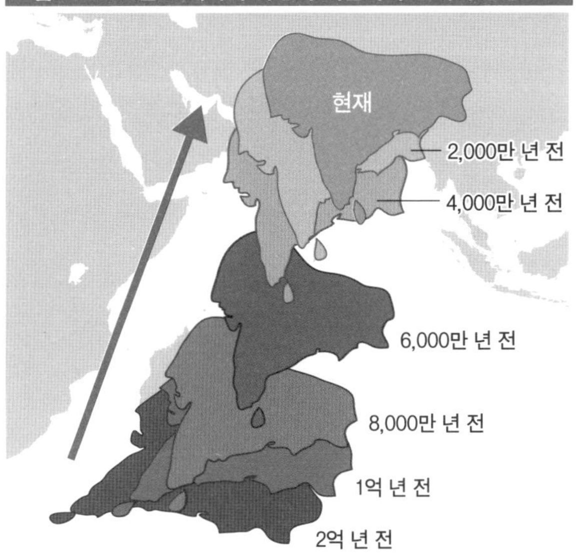


고 인도 대륙과 아시아 대륙 사이에는 바다가 있었는데, 두 대륙이 충돌하면서 해저 퇴적물이 대륙 윗부분으로 밀려 올라가면서 산맥의 일부가 되었습니다. 그 때문에 히말라야 산맥의 고지대에서는 암모나이트 등 바다 생물의 화석과 해저에서 형성된 암석이 발견되고 있습니다.

## 판의 보존 경계

판이 생성되는 해령에서는 해령 축이 군데군데 끊어져 어긋나 있습니다(그림 2-13). 그리고 끊어진 해령 축의 끝에는 해령 축에 수직한 방향으로 암반이 깨져 있으며, 이곳을 경계로 두 판이 서로 반대 방향으로 스쳐 지나갑니다. 이처럼 두 판이 서로 반대 방향으로 스쳐 지나가는 경계를 보존 경계라고 하고, 이곳에서 암반의 움직임이 엇갈리는 **변환 단층**이 형성됩니다.

**그림 2-13 변환 단층**

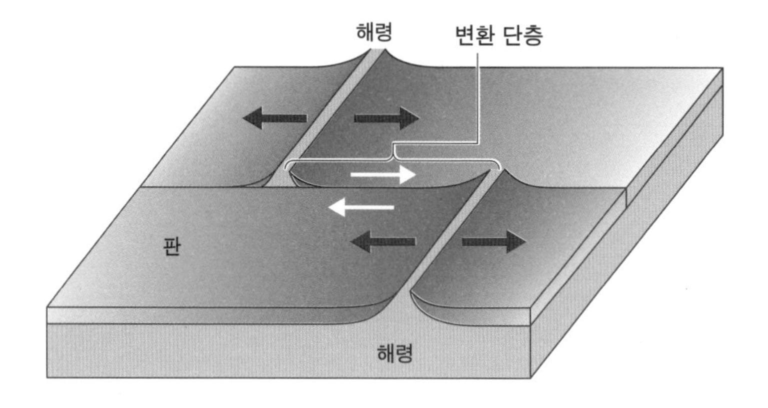


변환 단층은 주로 해령 주변에 분포하는데, 미국 캘리포니아주에 있는 **샌 안드레아스 단층**은 육지에서 볼 수 있는 변환 단층입니다(그림2-14). 샌 안드레아스 단층에서는 북아메리카판과 태평양판이 서로 반대 방향으로 스쳐 지나갑니다.

**그림 2-14 샌 안드레아스 단층의 위치**

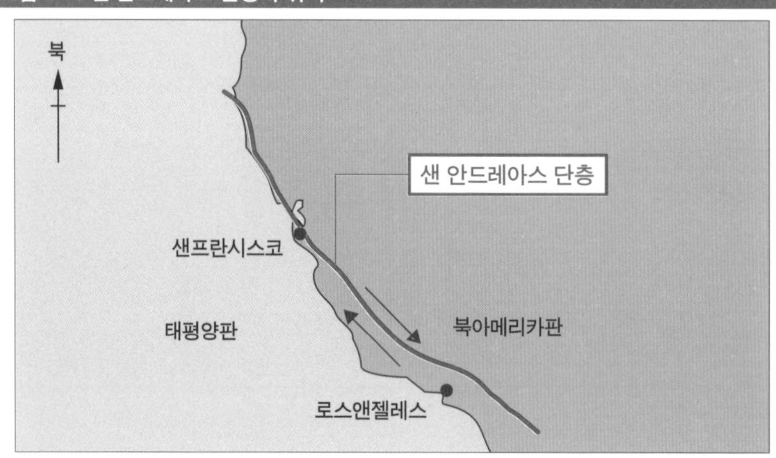

## 해양저의 형성 연대

해양저는 해령에서 만들어지며 판의 운동에 의해 해령에서 양쪽으로 갈라져 이동합니다. 따라서 해령에서 멀어질수록 해양저의 나이는 많아집니다(그림 2-15). 태평양의 동쪽과 대서양의 중앙에는 나이가 적은 해양저가 남북으로 뻗어 있습니다. 이것은 태평양의 동쪽에는 동태평양 해령이 있고, 대서양의 한가운데에는 대서양 중앙 해령이 있기 때문입니다.

해양저의 나이와 해령으로부터의 거리를 알면 과거 판의 이동 속도를 구할 수 있습니다. 예를 들어, 해령에서 400km(4×107cm) 떨어진 해양저가 800만 년 전(8×106년 전)에 형성되었다면 이 해양저를 포함한 판의 평균 이동 속도는

$$\frac{4\times10^{7}}{8\times10^{6}} = 5\text{cm/년}$$

입니다. 일반적으로 판의 이동 속도는 연간 몇 센티미터 정도입니다.

해양저의 형성 연대가 1.5억 년 전인 곳을 보면, 태평양의 경우 해령에서 멀리 떨어져 있는 반면 대서양의 경우에는 해령에 가깝다는 것을 알 수 있습니다(그림 2-15). 이는 태평양과 대서양에서 판의 이동 속도가 다르기 때문이며, 과거 판의 이동 속도는 대서양보다 태평양이 더 빨랐음을 나타냅니다.

또한, 태평양에서든 대서양에서든 2억 년 이상 된 해양저는 없습니다. 태평양에서는 2억 년보다 오래된 해양저는 이미 해구에서 지구 내부로 들어갔기 때문에 해저에 남아 있지 않습니다. 또 대서양에서는 약 1.8억 년 전에 판의 확장이 시작되었기 때문에 그보다 오래된 해양저는 없습니다.

그림 2-15 해양저의 형성 연대

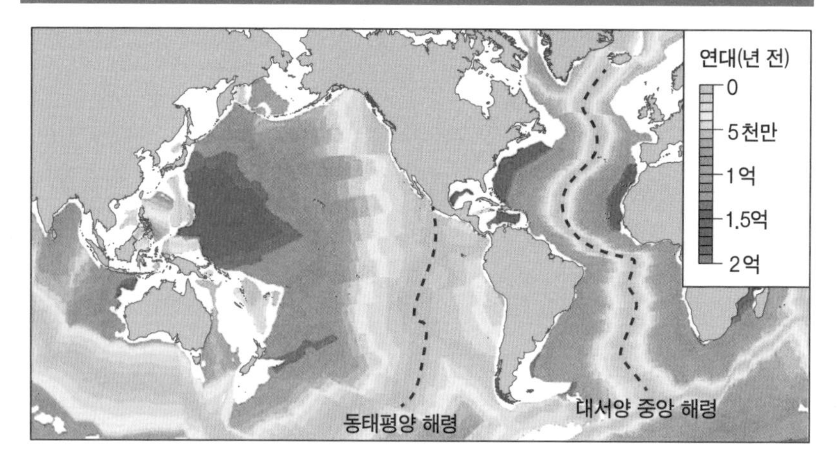


대륙을 구성하고 있는 암석은 몇억 년 전 혹은 몇십억 년 전에 형성된 것도 있습니다. 가장 오래된 암석은 캐나다 북부에서 발견된 것으로, 약 40억 년에 형성되었으리라고 추정됩니다. 이처럼 대륙을 구성하는 암석과 해양저를 구성하는 암석은 형성 연대에 큰 차이가 있습니다.

## 열점

지구상에는 하부 맨틀에서 상승한 고온의 물질이 상부 맨틀 중 연약권에서 마그마가 되고, 그 마그마가 지표 밖으로 나오는 화산 활동이 일어나는 곳이 몇십 군데 있습니다. 이런 곳을 **열점**이라고 합니다. 지금도 활발하게 활동 중인 킬라우에아 화산이 있는 **하와이섬**이 대표적인 열점입니다.

열점에서는 해저에서 일어나는 화산 활동에 의해 하와이섬과 같은 **화산섬**이 형성될 수 있습니다. 화산섬은 판의 운동에 의해 이동하지만 맨틀 물질이 상승하는 위치는 거의 변하지 않으므로, 오래된 화산섬이 이동한 후에 다시 같은 장소에서 화산 활동이 일어나 새로운 화산섬이 형성됩니다. 이 과정이 반복되면 판이 이동하는 방향으로 화산섬이 여러 개 줄지어 만들어집니다(그림 2-16).

그림 2-16 열점에서 형성되는 화산섬

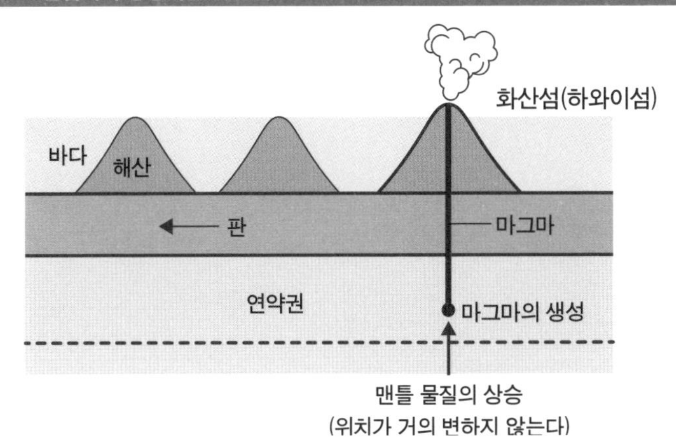


태평양의 지형을 보면, 하와이섬에서 서북서 방향으로 카우아이섬, 네커섬, 미드웨이섬 등이 길게 늘어서 **하와이 열도**를 이루고 있습니다. 그 끝에는 북북서 방향으로 유랴쿠 해산, 닌토쿠 해산, 스이코 해산 등이 줄지어 늘어선 **엠퍼러 해산열**이 형성되어 있습니다(그림 2-17). 판은 시간이 경과할수록 점차 차갑게 식으면서 무거워지며, 결국 판 위의 화산섬은 해수면 아래로 가라앉게 됩니다. 화산섬이 해수면 아래로 가라앉은 것은 **해산**이라고 합니다.

**그림 2-17 하와이 열도와 엠퍼러 해산열의 형성 연대**

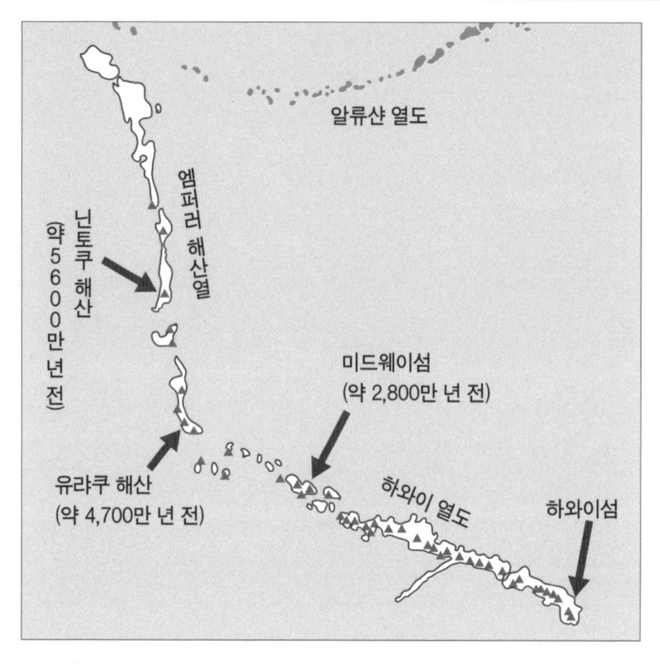


수심이 2,000m보다 얕은 해역은 흰색으로 표시했다.

하와이 제도와 엠퍼러 해산열을 구성하는 화산섬과 해산은 현재 하와이섬의 위치(열점)에서 형성되어 판의 운동에 의해 지금의 위치로 이동되어 온 것입니다. 판이 이동하면서 화산섬이나 해산이 판의 이동 방향 쪽으로 줄지어 배열됩니다. 따라서 화산섬이나 해산의 배열은 과거 판의 이동 방향을 나타냅니다. 또한 하와이 열도와 엠퍼러 해산열의 방향은 약 4,700만 년 전에 형성된 유랴쿠 해산의 위치에서 변하고 있으므로 약 4,700만 년 전에 판이 이동하는 방향이 바뀌었을 것으로 추정할 수 있습니다.

열점에서 멀리 떨어진 엠퍼러 해산열의 경우 북북서 쪽으로 갈수록 해산의 형성 연대가 오래되었으므로, 약 4,700만 년 전을 경계로 그 이전 시대에는 판이 북북서 쪽으로 이동했을 것으로 추측됩니다. 한편 열점과 가까운 하와이 열도의 경우 서북서 쪽으로 갈수록 화산섬의 형성 연대가 오래되었으므로, 약 4,700만 년 전을 경계로 그 이후 시대에는 판이 서북서 쪽으로 이동했을 것으로 추측됩니다. 즉 판의 이동 방향은 약 4,700만 년 전에 북북서 쪽에서 서북서 쪽으로 바뀌었음을 알 수 있습니다. 이처럼 화산섬과 해산의 배열을 보면 과거 판의 이동 방향을 추정할 수 있습니다.

# 제 3 장

# 지진

# 지진의 발생과 지진동

## 진도

**진도**란 어떤 지점에 나타난 지진동(지면의 진동)의 세기를 나타내는 지표입니다. 일본의 경우 10단계(0, 1, 2, 3, 4, 5약, 5강, 6약, 6강, 7)로 구분되는 일본 기상청 진도 계급을 사용합니다(표 3-1). 일반적으로 지진동은 단단한 지반보다 연약한 지반에서 더 커지는 경향이 있습니다.

**표 3-1 일본 기상청 진도 계급**

| 진도 계급 | 사람의 체감·행동 |
|---|---|
| 0 | 사람은 흔들림을 느끼지 않으나 지진계에는 기록된다. |
| 1 | 실내에서 가만히 있는 사람 중에는 약간의 흔들림을 느끼는 사람도 있다. |
| 2 | 실내에서 가만히 있는 사람 대다수가 흔들림을 느낀다. 잠에서 깨는 사람도 있다. |
| 3 | 실내에 있는 사람 대부분이 흔들림을 느낀다. 길을 걷다 흔들림을 느끼는 사람도 있다. |
| 4 | 대부분의 사람이 놀란다. 길을 걷는 대부분의 사람이 흔들림을 느낀다. 거의 모든 사람이 잠에서 깬다. |
| 5약 | 대부분의 사람이 두려움을 느끼며 어딘가를 붙잡고 싶어진다. |
| 5강 | 대부분의 사람이 어딘가를 붙잡지 않고는 걷기 어렵다. |
| 6약 | 서 있기가 어렵다. |
| 6강 | 서 있기가 불가능하다. 기지 않으면 움직일 수 없고 몸이 날아가 버리기도 한다. |
| 7 | |

## 한국의 진도 등급(기상청 날씨누리 www.kma.go.kr>eqk-vol)

| 등급 | 진도 등급별 현상 | 최대가속도 (%g=9.81cm/sec2) | 최대속도 (V=cm/sec) |
|---|---|---|---|
| I | 대부분 사람들은 느낄 수 없으나, 지진계에는 기록된다. | %g<0.07 | V<0.03 |
| II | 조용한 상태나 건물 위층에 있는 소수의 사람만 느낀다. | 0.07≤%g<0.23 | 0.03≤V<0.07 |
| III | 실내, 특히 건물 위층에 있는 사람이 현저하게 느끼며, 정지하고 있는 차가 약간 흔들린다. | 0.23≤%g<0.76 | 0.07≤V<0.19 |
| IV | 실내에서 많은 사람이 느끼고, 밤에는 잠에서 깨기도 하며, 그릇과 창문 등이 흔들린다. | 0.76≤%g<2.56 | 0.19≤V<0.54 |
| V | 거의 모든 사람이 진동을 느끼고, 그릇, 창문 등이 깨지기도 하며, 불안정한 물체는 넘어진다. | 2.56≤%g<6.86 | 0.54≤V<1.46 |
| VI | 모든 사람이 느끼고, 일부 무거운 가구가 움직이며, 벽의 석회가 떨어지기도 한다. | 6.86≤%g<14.73 | 1.46≤V<3.7 |
| VII | 일반 건물에 약간의 피해가 발생하며, 부실한 건물에는 상당한 피해가 발생한다. | 14.73≤%g<31.66 | 3.7≤V<9.39 |
| VIII | 일반 건물에 부분적 붕괴 등 상당한 피해가 발생하며, 부실한 건물에는 심각한 피해가 발생한다. | 31.66≤%g<68.01 | 9.39≤V<23.85 |
| IX | 잘 설계된 건물에도 상당한 피해가 발생하며, 일반 건축물에는 붕괴 등 큰 피해가 발생한다. | 68.01≤%g<146.14 | 23.85≤V<60.61 |
| X | 대부분의 석조 및 골조 건물이 파괴되고, 기차선로가 휘어진다. | 146.14≤%g<314 | 60.61≤V<154 |
| XI | 남아있는 구조물이 거의 없으며, 다리가 무너지고, 기차선로가 심각하게 휘어진다. | 314≤%g | 154≤V |
| XII | 모든 것이 피해를 입고, 지표면이 심각하게 뒤틀리며, 물체가 공중으로 튀어 오른다. | | |

※ 진도등급 체계 및 현상은 「수정메르칼리 진도등급(MMI)」에 기반함

1949년 일본 기상청에서 정한 진도는 0에서 7까지 총 8단계였습니다. 이는 사람의 체감이나 건물의 피해 상황 정도 등으로 진도를 결정한 것으로, 진도를 나누는 기준이 애매모호한 부분도 있었습니다. 그래서 1996년 이후로는 **계측진도계**라는 기계로 지진동을 자동으로 관측해 진도를 결정하게 되었습니다. 또한 1995년 **한신·아와지 대지진**을 일으킨 **효고현 남부 지진**의 경우, 동일한 진도 내에서도 피해 정도의 차이가 크다는 문제점이 드러나 진도 5와 6을 각각 강과 약으로 나눠 세분화했습니다.

다만 진도의 기준은 나라마다 다릅니다. 중국과 한국, 유럽 등에서는 12단계로 구분하는 진도 계급을 사용합니다. 즉 일본의 진도 3과 한국의 진도 3은 지진동의 세기가 다릅니다. 전 세계적으로 통일된 진도 계급은 아직 없습니다.

## 규모

지진 에너지의 크기(지진의 규모)를 나타내는 척도를 **매그니튜드** 또는 간단히 **규모**라고 부릅니다. 혹은 이 개념을 처음 제안한 미국의 지진학자 찰스 리히터(Charles Richter, 1900~1985년)의 이름을 따서 리히터 규모라고 부르기도 합니다. 규모가 2 증가하면 지진의 에너지는 약 1,000배가 됩니다. 예를 들어, 규모 5.0 지진은 규모 3.0 지진의 1,000배의 에너지를 가집니다.

또 규모가 1 증가하면, 지진 에너지는 약 32배가 됩니다(표 3-2).

**표 3-2 규모와 지진 에너지의 관계**

| 규모 M | 에너지 E(J) |
|---|---|
| 3.0 | $2.0 \times 10^{9}$ |
| 4.0 | $6.3 \times 10^{10}$ |
| 5.0 | $2.0 \times 10^{12}$ |

약 32배
약 32배
1000배

좀 더 자세히 살펴보면, 규모 M과 지진 에너지 E[J](J는 에너지의 단위)는 다음과 같은 관계가 있습니다.

$$E = 10^{4.8+1.5M}$$

이 식에 M=3.0, M=4.0, M=5.0을 각각 대입하면 지진 에너지 E는 다음과 같이 계산할 수 있습니다.

$$E = 10^{4.8+1.5\times3.0} = 10^{9.3} \fallingdotseq 2.0 \times 10^{9}\,[\,J\,]$$
$$E = 10^{4.8+1.5\times4.0} = 10^{10.8} \fallingdotseq 6.3 \times 10^{10}\,[\,J\,]$$
$$E = 10^{4.8+1.5\times5.0} = 10^{12.3} \fallingdotseq 2.0 \times 10^{12}\,[\,J\,]$$

규모를 구하는 방법은 여러 가지가 있습니다. 일본에서는 일본 기상청의 관측 자료를 토대로 결정하는 **기상청 매그니튜드**를 사용합니다. 또한 단층의 면적을 이용해 구하는 **모멘트 매그니튜드**도 있습니다.

## 단층

지하의 암반에는 판의 운동에 의해 여러 방향에서 힘이 작용하므로, 암반은 팽창하기도 하고 압축되기도 합니다. 이러한 변형이 축적되어 한계에 이르면 암반이 깨지면서 지진이 일어납니다.

암반이 깨져 생긴 면을 경계로 양쪽의 암반이 이동하여 서로 어긋나 있는 것을 단층이라고 합니다. 단층면 위에 있는 암반을 **상반**, 단층면 아래에 놓인 암반을 **하반**이라고 합니다. 단층은 단층면을 기준으로 두 암석의 상대적인 움직임에 따라 구분됩니다.

암반이 깨졌을 경우 암반이 수평 방향으로 팽창하면, 즉 양쪽에서 수평 방향으로 잡아당기는 힘을 받게 되면 상반이 아래로 미끄러져 내려옵니다. 이러한 단층을 **정단층**이라고 합니다(그림 3-1). 확장 경계인 해령 부근에서는 판이 서로 멀어지기 때문에 양쪽에서 수평으로 잡아당기는 힘이 작용해 주로 정단층형 지진이 발생합니다.

한편 암반이 수평 방향으로 압축되면, 즉 양쪽에서 수평 방향으로 미는 힘을 받게 되면 상반이 위로 올라갑니다. 이러한 단층을 **역단층**이라고 합니다(그림 3-1). 수렴 경계인 해구 부근에서는 판이 서로 가까워지기 때문에 양쪽에서 수평 방향으로 미는 힘이 작용해 주로 역단층형 지진이 발생합니다.

그림 3-1 정단층과 역단층

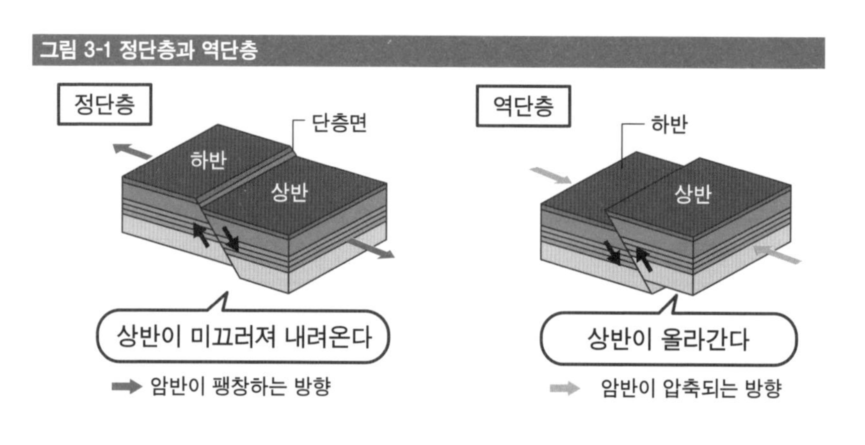


그림 3-2 주향이동단층

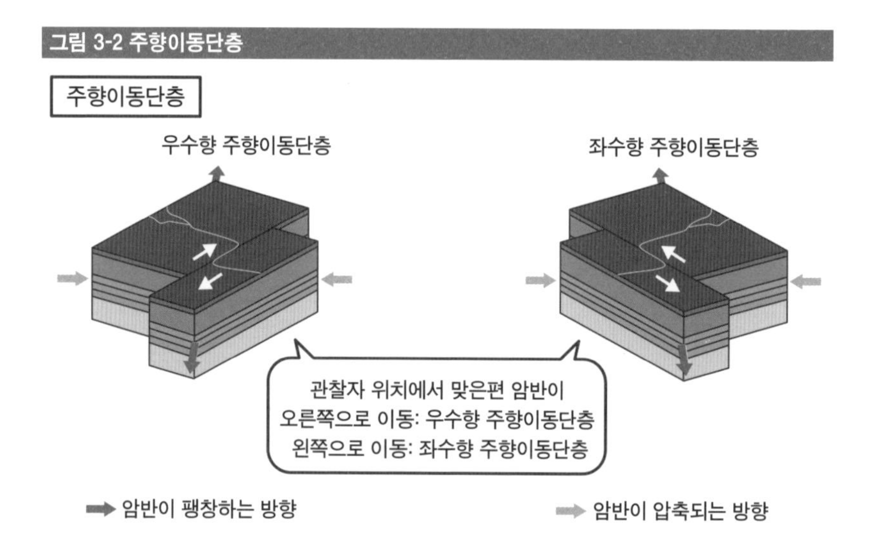

상반과 하반이 수평 방향으로 어긋난 단층은 **주향이동단층**이라고 합니다. 관찰자 위치에서 맞은편 암반이 오른쪽으로 이동하면 **우수향 주향이동단층**, 왼쪽으로 이동하면 **좌수향 주향이동단층**이라고 합니다(그림 3-2). 두 판이 서로 반대 방향으로 스쳐 지나가는 보존 경계에서는 주로 주향이동단층형 지진이 발생합니다.

## 지진의 발생

암반이 깨진 곳에서는 P파나 S파 등의 지진파가 발생합니다. P파가 전달되면 암반은 파동의 진행 방향과 평행한 방향으로 진동합니다. 또 S파가 전달되면 암반은 파동의 진행 방향과 수직인 방향으로 진동합니다(그림 3-3).

**그림 3-3 P파와 S파**

P파(종파)

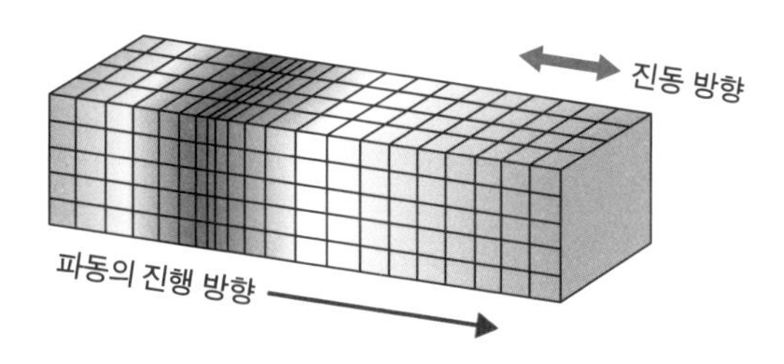


S파(횡파)

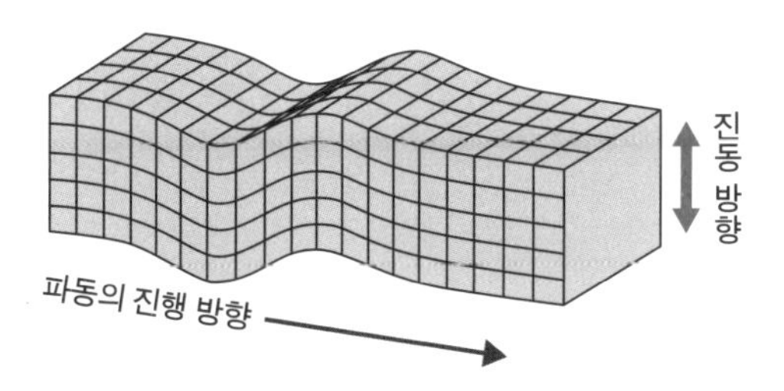

파동의 진행 방향과 물질의 진동 방향이 평행한 파동을 **종파**라고 하고, 파동의 진행 방향과 물질의 진동 방향이 수직인 파동을 **횡파**라고 합니다. 즉 P파는 종파이고 S파는 횡파입니다.

지진이 발생하면 '상하 진동'이라는 말을 자주 듣게 되는데, '상하 진동'과 '종파'는 의미가 서로 다릅니다. '상하 진동'이란 상하 방향으로 흔들리는 것을 말합니다.

예를 들어, 관측점 바로 아래에서 지진이 발생하면 관측점에는 위쪽으로 향하는 P파(종파)가 전달됩니다. P파는 진행 방향과 진동 방향이 평행하므로 P파가 관측점에 도달하면 관측점은 상하 방향으로 흔들리기 때문에 상하 진동이 일어납니다.

그림 3-4 P파에 의한 관측점의 진동 형태

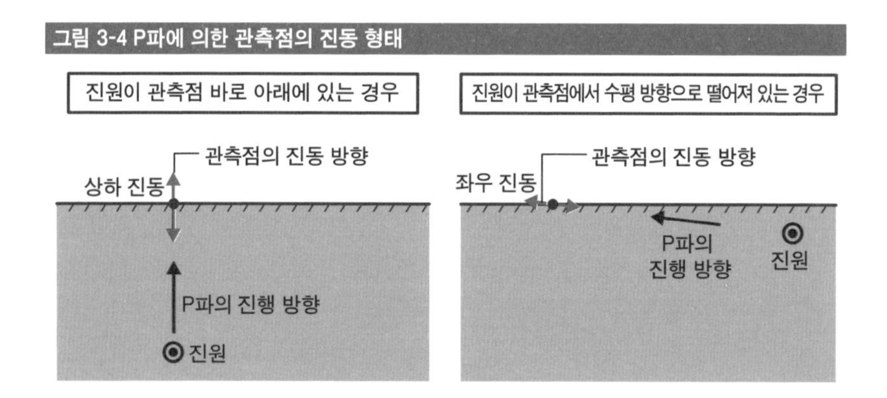


한편 관측점에서 수평 방향으로 떨어진 지점에서 지진이 발생하면, 관측점에는 P파(종파)가 수평 방향으로 전달됩니다. P파가 관측점에 도달하면 관측점은 수평 방향으로 흔들리기 때문에 좌우 진동이 일어납니다(그림 3-4). 이처럼 종파인 P파가 전달되면 관측점에서는 상하 진동이 일어날 수도 있고 좌우 진동이 일어날 수도 있습니다.

## 진원 거리

지진이 일어나면 P파와 S파는 진원에서 동시에 발생합니다. 지표 부근에서 P파의 전달 속도는 약 5~7km/s이며, S파의 전달 속도는 약 3~4km/s입니다. P파의 속도가 S파보다 빠르므로 관측점에는 P파가 먼저 도착하고 그 후에 S파가 도착합니다.

P파는 영어로 Primary wave(primary : 첫 번째)라고 하고, S파는 Secondary wave(secondary : 두 번째)라고 합니다. 즉 P파는 관측점에 첫 번째로 도착하는 파, S파는 두 번째로 도착하는 파를 의미합니다.

그림 3-5 지진계에 기록된 지진파 모습

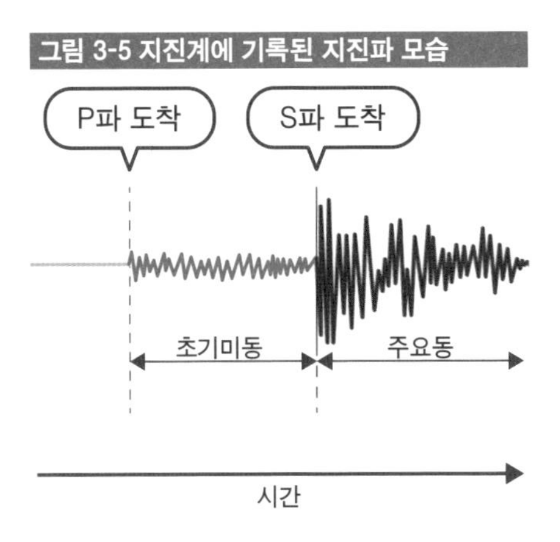


P파가 관측점에 도착하면 **초기미동**이라고 부르는 약한 진동이 발생합니다. 그 후 S파가 도착하면 주요동이라고 부르는 매우 강한 진동이 발생합니다(그림 3-5). P파가 도착한 후 S파가 도착할 때까지는 초기미동이 이어지므로, 이 시간을 **초기미동 계속시간**이라고 합니다.

여기서 진원 거리(관측점에서 진원까지의 거리)를 $D$, 초기미동 계속시간을 $T$, P파의 속도를 $VP$, S파의 속도를 $VS$라고 합시다. P파가 진원에서 관측점에 도착하기까지 걸리는 시간은 진원 거리를 P파의 속도로 나누면 구할 수 있으므로, $\frac{D}{V_P}$가 됩니다. 마찬가지로 S파가 진원에서 관측점에 도착하기까지 걸리는 시간은 $\frac{D}{V_S}$입니다. 초기미동 계속시간은 P파가 도착한

후 S파가 도착하기까지의 시간이므로

$$T = \frac{D}{V_S} - \frac{D}{V_P}$$

로 나타낼 수 있습니다. 이것을 계산하면

$$T = \frac{V_P D - V_S D}{V_P V_S} = \frac{V_P - V_S}{V_P V_S} \times D$$

가 됩니다. 따라서

$$D = \frac{V_P V_S}{V_P - V_S} \times T$$

로 나타낼 수 있습니다. 이 관계식을 진원 거리에 관한 **오모리 공식**이라고 합니다.

지진파 속도가 $V_P$=5km/s、$V_S$=3km/s라고 하면,

$$\frac{V_P V_S}{V_P - V_S} = \frac{5 \times 3}{5 - 3} = 7.5$$

가 되므로, 오모리 공식은

$$D = 7.5 \times T$$

가 됩니다. 이 관계식은 지진파 속도가 일정할 때 진원 거리는 초기미동 계속시간에 비례한다는 것을 보여줍니다.

어떤 관측점에서 초기미동 계속시간이 4.0초라면, 이 관측점에서 진원까지의 거리는

$$7.5 \times 4.0 = 30\text{km}$$

가 됩니다.

## 긴급 지진 속보

지진이 발생했을 때 S파는 강한 진동을 일으키므로 S파의 도착 시간이나 크기를 사전에 알면 피해 규모를 줄일 수 있습니다. 따라서 지진 발생 직후 강한 진동이 전달되기 전에 알려 사람들이 미리 대비할 수 있도록 하는 시스템을 갖추고 있는데, 이를 **긴급 지진 속보**라고 합니다.

지진이 발생하면 관측점에는 P파가 먼저 도착하므로, 진원에서 가장 가까운 관측점에서 P파를 감지합니다. 기상청에서는 이 정보를 받아 진원의 위치와 각지의 예상 진도 등을 컴퓨터를 이용해 고속으로 계산합니다. 그리고 진도 4 이상 혹은 장주기 지진동 계급 3 이상이 예측되는 지역에는 긴급 지진 속보(경보)를 발표합니다(그림 3-6).

그림 3-6 긴급 지진 속보 시스템

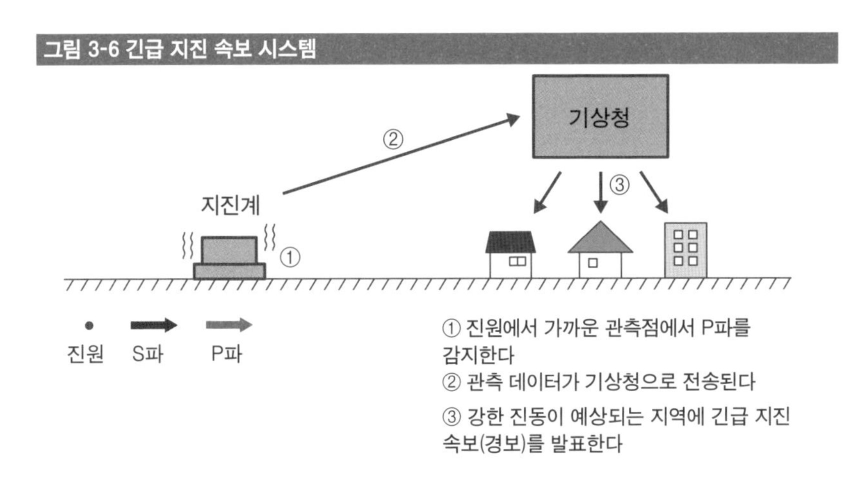


**장주기 지진동**이란 주기(진동이 한 번 왕복하는 데 걸리는 시간)가 길고 느린 큰 진동을 말합니다. 일반적인 지진은 덜컹덜컹 흔들리지만 장주기 지진동은 긴 주기로 크게 흔들립니다. 이러한 장주기 지진동은 고층 건물의 저층보다 고층에 더 큰 영향을 미칩니다(그림 3-7). 장주기 지진동이 발생했을 때 고층 건물에 발생할 수 있는 피해 정도를 4단계(1~4)로 구분해 흔들림의 크기를 나타내는 지표를 **장주기 지진동 계급**이라고 합니다.

그림 3-7 장주기 지진동

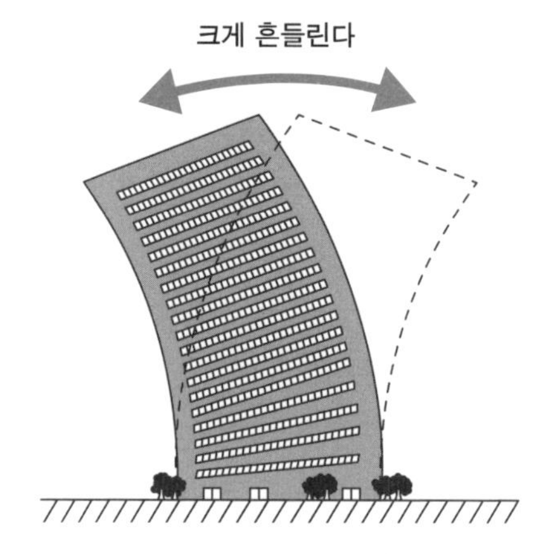


긴급 지진 속보는 TV, 라디오, 휴대전화 등을 통해 전달됩니다. 다만 S파가 도착하기 전에 정보를 받는 경우도 있고, S파가 도착해 강한 진동이 일어난 후에 받게 되는 경우도 있을 것입니다. 여기서 간단한 계산을 통해 그 차이를 확인해 보겠습니다.

지진이 발생하여 진원에서 가까운 관측점에서 P파를 감지해 기상청 컴퓨터로 고속 계산한 후 긴급 지진 속보를 내고, 이를 사람들이 받는 데는 일반적으로 5~10초 정도가 걸립니다. 여기서는 지진 발생 8초 후에 긴급 지진 속보를 받았다고 해봅시다.

S파의 속도를 3km/s라고 하면, 긴급 지진 속보를 받을 때까지 S파는 진원에서

$$3 \times 8 = 24\text{km}$$

의 지점까지 전달됩니다.

즉, 진원 거리가 24km 이하인 지역에서는 긴급 지진 속보보다 S파가 먼저 도착해 강한 진동이 발생하게 됩니다. 한편, 진원 거리가 24km 이상인 지역에서는 S파가 도착하기 전에 긴급 지진 속보를 받을 수 있습니다.

이처럼 긴급 지진 속보는 모든 지역에서 효과적으로 활용할 수 있는 것

은 아니지만, 일부 지역에라도 강한 진동이 일어나기 전에 정보를 전달해 가능한 한 피해를 줄이고자 하는 시스템입니다.

또한 진원 거리 45km 지점에서는 S파는 지진이 발생한 지

$$45 \div 3 = 15\text{초 후}$$

에 도착합니다. 긴급 지진 속보를 받은 것은 지진 발생 8초 후이므로 S파가 도착하기까지는

$$15 - 8 = 7\text{초}$$

밖에 남지 않습니다. 이만큼 짧은 시간에 피해를 줄이기 위해 할 수 있는 일은 한정됩니다. 그러므로 지진이 일어났을 때 어떻게 행동하고 대비해야 하는지 행동 요령을 미리 익혀두는 것이 중요합니다.

# 지진의 분포

## 일본 부근에서 발생하는 지진

일본 부근은 판의 수렴 경계에 있기 때문에 지진이 자주 일어나는데, 일본의 지하 모든 곳에서 똑같이 지진이 발생하는 것은 아닙니다. 일본 부근에서 발생하는 지진은 발생하는 장소에 따라 크게 3가지로 나뉩니다. 대륙판과 해양판의 경계에서 발생하는 지진을 **판 경계 지진**, 대륙판 내부에서 발생하는 지진을 **대륙판 내부 지진**, 해양판 내부에서 발생하는 지진을 **해양판 내부 지진**이라고 합니다(그림 3-8).

그림 3-8 도호쿠 지방의 지진 분포

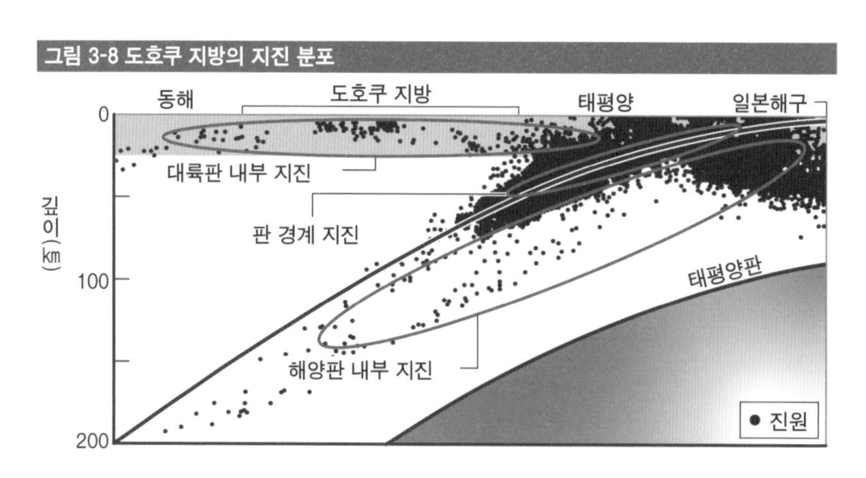


## 판 경계 지진

일본 해구와 난카이 해곡 등 판의 섭입 경계에는 해양판의 섭입으로 대륙판의 끝부분이 끌려 내려가면서 변형이 축적됩니다. 즉, 지진이 발생하기 전까지 해구 부근 대륙판의 끝부분은 천천히 침강하고 있습니다(그림 3-9).

변형이 축적되어 암반의 강도 한계를 넘어서면 암반이 부서지면서 판 경계 지진이 일어납니다. 이때 대륙판의 끝부분이 원래 위치로 급격히 융기합니다(그림 3-10). 이러한 지진은 규모 8.0 이상의 거대 지진이 되기도 합니다.

**그림 3-9 지진 발생 전 일본 부근의 판 경계**

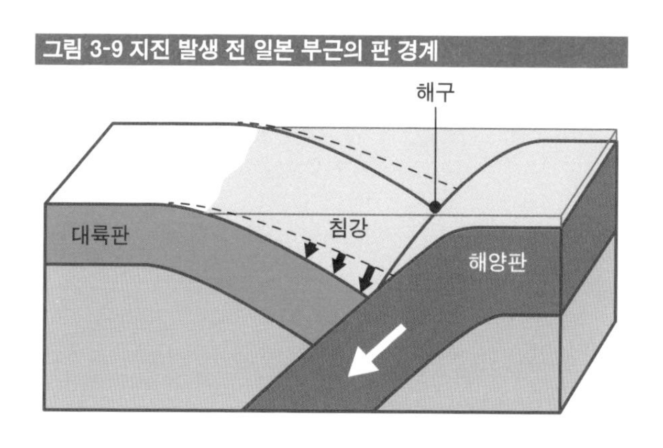


**그림 3-10 지진 발생 시 일본 부근의 판 경계**

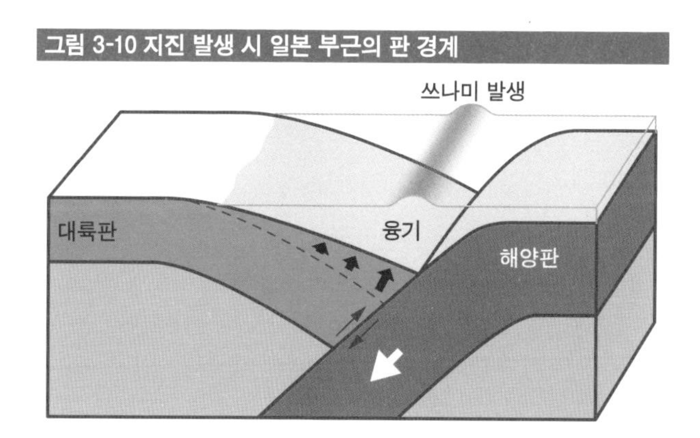


과거에 발생한 판 경계 지진의 사례는 난카이 해곡에서 1944년에 발생한 **쇼와 도난카이 지진**이나 1946년에 발생한 **쇼와 난카이 지진**, 2004년 자바 해구에서 일어난 **수마트라 지진**, 2011년 일본 해구에서 발생해 대규

모 피해를 가져온 도호쿠 지방 태평양 해역 지진(동일본 대지진) 등이 있습니다. 판의 운동은 지금도 계속되고 있기 때문에, 이와 같은 해구 부근에서 발생하는 거대 지진은 앞으로도 반복해서 일어날 가능성이 있습니다. 특히 난카이 해곡에서는 1946년 이후 70년 이상 거대 지진이 발생하지 않았기 때문에, 난카이 해곡의 암반에 변형이 축적되어 있으므로 몇 년 또는 몇십 년 내에 거대 지진이 일어날 것이라고 예상하고 있습니다. 참고로 1946년 이전에 시코쿠 해역의 난카이 해곡에서 발생한 거대 지진은 1854년의 **안세이 난카이 지진**입니다.

### 해안 단구

해안 부근에서는 파도의 침식 작용에 의해 **해식애**라는 가파른 절벽과 해식대라는 평탄한 지형이 만들어지기도 합니다. 해구 부근에서 거대 지진이 일어나면, 지반이 급격하게 융기해 해식대가 해수면 위로 드러나게 됩니다. 이것이 여러 차례 반복되면 해안 부근에 **해안 단구**라는 계단 모양의 지형이 만들어집니다.

판의 수렴 경계에 있는 일본 열도에서는 거대 지진이 반복해서 일어났기 때문에 해구와 가까운 해안에서는 해안 단구가 형성된 곳이 있습니다. 보소 반도에 있는 지바현 다테야마시 겐부쓰 해안에서는 1703년 **겐로쿠 간토 지진**과 1923년 **다이쇼 간토 지진** 때 융기한 해식대를 볼 수 있습니다(그림 3-11). 이 해식대가 과거 해저에 있었다는 증거로는 단구면에서 바다 생물의 화석이 발견된다는 점을 들 수 있습니다.

그림 3-11 거대 지진이 발생하면서 융기한 겐부쓰 해안의 단구면

## 대륙판 내부 지진

해구 부근의 판 경계 지진은 일본 열도의 태평양 쪽 해안선에서 100~200km 떨어진 곳에서 발생하지만, 일본 열도의 지하 10~20km 정도에서도 지진이 발생할 수 있습니다. 일본 열도 쪽으로 해양판이 움직이고 있기 때문에 일본 부근의 대륙판이 수평 방향으로 밀려나면서 암반이 부서져 지진이 발생합니다. 이러한 대륙판 내부 지진은 대륙 지각 내부의 깊이가 얕은 곳에서 발생하므로 **내륙 지각 내부 지진**, 또는 **직하형 지진**이라고 부릅니다.

과거 일본 열도에서 발생한 대륙판 내부 지진의 사례는 1995년 **효고현 남부 지진**, 2000년 **돗토리현 서부 지진**, 2004년 **니가타현 주에쓰 지진**, 2008년 **이와테·미야기 내륙 지진**, 2016년 **구마모토 지진**, 2018년 **홋카이도 이부리 동부 지진**, 2020년 이후 지진 활동이 활발해진 이시카와현 노토 지방의 지진 등이 있습니다. 이러한 지진은 판 경계 지진과 비교하면 규모는 작지만 육지에서 발생하기 때문에 과거에도 반복해서 큰 피해를 가져왔습니다.

대륙판 내부 지진은 과거에 움직인 적이 있는 단층이 다시 움직이면서

발생하는 경우가 많습니다. 과거 수십만 년 이내에 활동한 흔적이 있고 앞으로도 활동할 가능성이 높은 단층을 **활성 단층**이라고 합니다. 또 대륙판 내부 지진처럼 진원의 깊이가 얕은 지진에서는 단층이 지표에 드러나기도 합니다. 이러한 단층을 **지표 지진 단층**이라고 합니다.

## 해양판 내부 지진

해양판 내부에서 발생하는 해양판 내부 지진 가운데 특히 진원의 깊이가 깊은 지진을 **심발 지진**이라고 합니다. 심발 지진은 해구에서 해양판이 섭입하여 대륙판 쪽으로 갈수록 진원의 깊이가 깊어져 약 700km에 이르기도 합니다. 심발 지진이 자주 발생하는 곳은 일본의 와다치 기요(1902~1995년)와 미국의 휴고 베니오프(1899~1968년)가 발견해 **와다치-베니오프대(심발 지진면)**라고 부릅니다. 일본 부근에서 발생한 해양판 내부 지진으로는 1993년 **구시로 해역 지진**이 있습니다. 이 지진의 진원 깊이는 101km였습니다.

거의 수평 방향으로 이동해온 해양판이 해구에서 섭입하려면 판이 크게 구부러져야 합니다. 해구 주변의 바다 쪽(육지와 반대쪽)에서 판이 크게 구부러질 때 해양판의 상부에는 잡아당기는 힘이 작용해 지진이 일어날 수 있습니다. 이러한 지진을 **아우터라이즈 지진**이라고 합니다. 2007년에 발생한 **쿠릴 열도 해역 지진**이 정단층형 아우터라이즈 지진인 것으로 추정됩니다.

# 지진 재해

## 사면 재해

지진이 발생하면 땅이 흔들리거나 건물이 무너지는가 하면 산비탈에서 토사나 암석이 떠내려오기도 합니다. 이처럼 토사나 암석이 밀려와 큰 피해를 일으키는 재해를 사면 재해(토사 재해)라고 합니다. 사면 재해는 지진만이 아니라 집중호우가 내리면서 일어나기도 합니다. 사면 재해는 산사태, 토석류, 땅 밀림 등 크게 3가지로 분류됩니다.

**산사태**는 지진이나 집중호우로 산 경사면이 갑자기 무너져 내리는 현상입니다. 흙과 돌, 바위 등이 한꺼번에 흘러내려 큰 피해를 일으키기도 합니다. 2023년 5월 이시카와현 노토 지방에서는 진도 6강의 지진이 발생해 일부 지역에서는 산사태가 일어났습니다.

**토석류**는 계곡부 바닥에 쌓인 흙, 돌, 암석 등이 집중호우로 불어난 물과 함께 빠르게 흘러내리는 현상을 말합니다. 이동 거리가 길고 커다란 암석이 섞이기도 하면서 강한 위력을 지니게 되어 큰 피해를 가져옵니다. 2014년 히로시마 집중호우와 2017년 규슈 북부 집중호우로 발생한 토석류는 계곡 하류의 민가와 도로를 덮쳐 막대한 피해를 가져왔습니다.

**땅밀림**은 지하의 미끄러지기 쉬운 지층을 따라 비탈면의 일부 또는 대부분이 아래쪽으로 이동하는 현상입니다. 예를 들어, 점토로 이루어진 지층은 물이 잘 통과하지 않기 때문에 점토 지층의 위쪽 경계면은 미끄럼면이 됩니다(그림 3-12). 비탈면의 이동 속도는 느린 경우도 있지만, 넓은 범위가 움직이는 경우도 있습니다. 2008년 이와테·미야기 내륙 지진과 2018년 홋카이도 이부리 동부 지진 등이 발생했을 때 대규모의 땅 밀림이 일어났습니다.

그림 3-12 땅 밀림

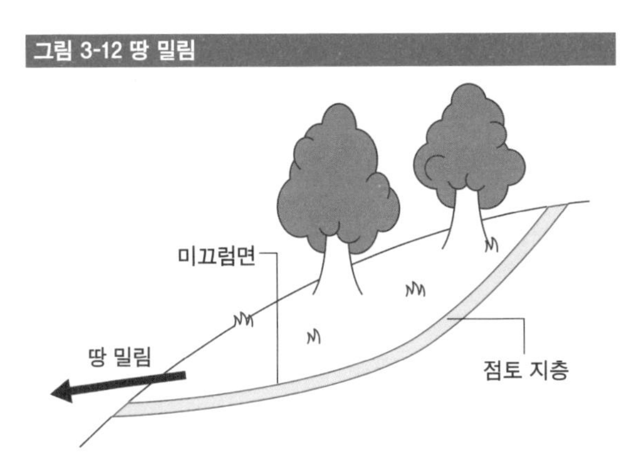


## 액상화 현상

물을 머금고 있는 모래 지반(매립지나 하천 유역)에 지진으로 인한 강력한 진동이 전해지면 모래 입자 간의 결합이 약해지면서 지반 전체가 액체 같은 상태로 변합니다. 이를 **액상화 현상**이라고 합니다(그림 3-13).

그림 3-13 액상화 현상과 지반 침하

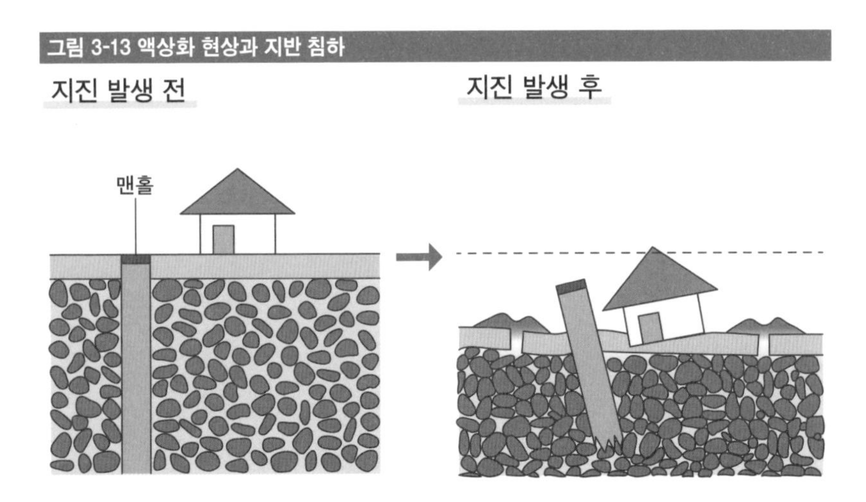

액상화가 일어나면 지하에 있던 모래와 진흙이 지하수와 함께 지표로 분출됩니다. 이 현상을 **분사**라고 합니다. 또한 지하수가 빠져나가 생긴 빈 공간에 땅이 내려앉아 건물이 기울어지거나 맨홀 같은 땅속 구조물이 솟아오르기도 합니다. 지하수를 과도하게 퍼 올리거나, 액상화 현상이 일어나 지하수가 유출되어 지반이 내려앉는 현상을 **지반 침하**라고 합니다.

## 쓰나미

해구 부근의 판 경계 지진이나 아우터라이즈 지진(해양판 내부 지진)은 비교적 얕은 해저에서 발생하기도 합니다. 이러한 지진의 경우, 단층이 어긋나면서 해저가 급격히 융기할 수 있습니다. 해저가 급격하게 융기하면 그 위의 바닷물도 급격히 상승합니다. 이 충격으로 해수면에는 거대한 파도가 생성됩니다. 이런 파도를 쓰나미(지진 해일)라고 합니다.

중력가속도를 g, 수심을 h라고 하면, 쓰나미의 전파 속도 v는

$$v=\sqrt{gh} \qquad (g=9.8\text{m/s}^2)$$

로 나타낼 수 있습니다. 예를 들어, 태평양의 평균 깊이인 수심 4,000m인 바다에서 쓰나미의 전파 속도는

$$\sqrt{9.8\times4000} \fallingdotseq \sqrt{40000}=200\text{m/s} \qquad (720\text{km/h})$$

가 됩니다. 이것은 제트 여객기와 거의 맞먹는 속도입니다. 1960년과 2010년에 일어난 칠레 지진의 경우, 칠레 해역에서 발생한 쓰나미가 지진 발생 약 22시간 후 1만 7,000km 정도 떨어진 일본 산리쿠 해안에 도달했습니다. 수심이 얕은 곳에서는 쓰나미의 전파 속도가 느리지만, 일본 연안에서 발생한 쓰나미는 지진 발생 후 약 10~20분 만에 해안에 도달할 수 있습니다.

쓰나미는 육지에 가까워질수록 파고가 높아지는데, 특히 해수가 만 깊숙이 밀려 들어올 때는 높이가 몇십 미터에 이르기도 합니다. 2011년 도호쿠 지방 태평양 해역 지진이 발생했을 때 쓰나미의 높이는 최대 20m에 달한 것으로 관측되었습니다. 쓰나미의 피해를 줄이기 위해서는 미리 피난 장소와 피난 경로 등을 확인해 두는 것도 중요합니다.

# 제 4 장

# 화산 활동

# 화산 분화

## 마그마의 상승

지하의 암석이 고온으로 가열되어 녹은 것을 **마그마**라고 합니다. 지하 약 100km 깊이에서 만들어진 마그마는 주위 암석보다 밀도가 낮기 때문에 위로 상승하다가 지하 10km 부근에서 고여 **마그마 방**을 형성합니다.

그림 4-1 마그마에 포함될 수 있는 물의 양

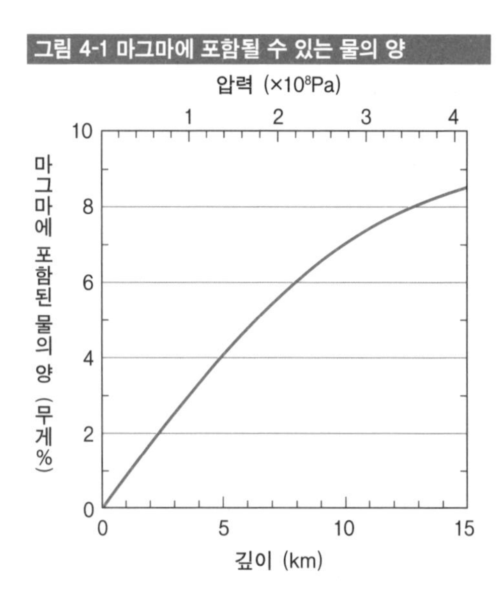


마그마에는 물, 이산화탄소, 이산화황 등 휘발성 성분(기체로 변하기 쉬운 성분)이 포함되어 있습니다. 일반적으로 압력이 높을수록 마그마에 포함될 수 있는 물의 양은 많아집니다(그림 4-1).

지구 내부는 깊은 곳일수록 압력이 높기 때문에, 지하 깊은 곳에서는 마그마가 많은 물을 포함할 수 있습니다. 지하 깊은 곳에서 물을 포함한 마그마가 상승하면, 지하 얕은 곳에서는 마그마가 많은 물을 포함할 수 없게 되어, 마그마에 포함된 일부 물이 수증기로 변하며 발포(기포 생성)합니다.

마그마의 발포는 탄산음료의 마개를 열면 기포가 생기는 것과 같은 현상입니다. 탄산음료는 높은 압력을 가해 물에 이산화탄소를 녹인 것입니다. 탄산음료의 마개를 열면 압력이 낮아지면서 물에 녹아 있던 이산화탄소가 빠져나와 기포가 만들어지고, 이 기포가 뭉쳐 덩어리를 이뤄 거품이 됩니다. 즉 마그마와 탄산음료는 압력이 낮아지면 발포하는 성질이 있는 것입니다(그림 4-2).

물이 수증기로 변할 때는 기포가 급격히 팽창합니다. 즉 마그마의 발포가 일어나면 기포를 포함한 마그마의 부피는 급격히 증가합니다. 발포하기 전과 비교하면 부피는 수백 배가 되는 경우도 있습니다. 부피가 증가하면 마그마의 평균 밀도는 작아지므로 마그마는 더욱 상승해 지표에 도달하면 분출하게 됩니다.

**그림 4-2 마그마와 탄산음료의 발포**

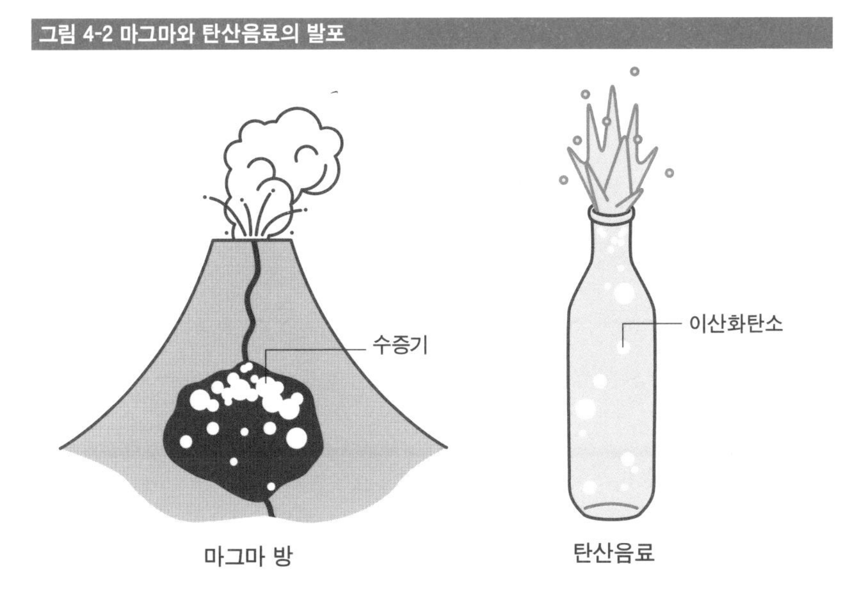

## 화산 분출물

화산이 분화하면 지표로 여러 가지 물질이 분출됩니다. 이것을 **화산 분출물**이라고 합니다. 화산 분출물은 용암, 화산 가스, 화산 쇄설물(화쇄물)로 나눌 수 있습니다(그림 4-3).

그림 4-3 화산 분출물

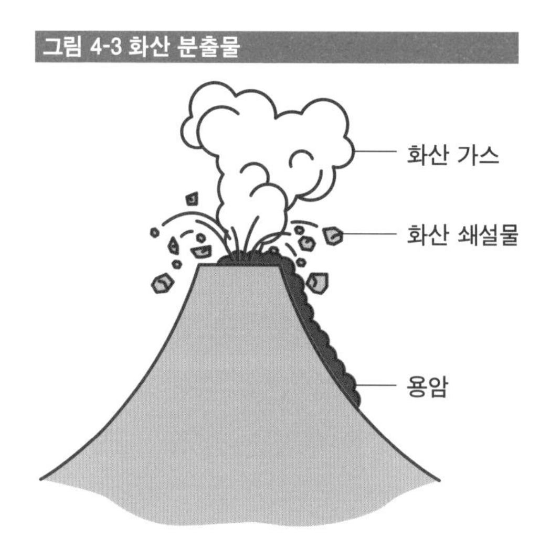


**용암**은 마그마가 지표로 분출한 것입니다. 굳지 않은 것도 있고 식어 굳는 것도 있습니다. 특히 용암이 산허리를 따라 흘러내리는 현상을 **용암류**라고 합니다. 일반적으로 용암류의 속도는 시속 10km 이하로 느리므로, 걸어서도 충분히 대피할 수 있는 경우도 있습니다. 1986년 미하라산(이즈오섬)이 분화했을 때는 용암류가 마을 앞까지 흘러내려 모든 주민이 섬 밖으로 약 한 달간 피난을 갔습니다. 미하라산은 지금도 계속해서 산체가 부풀어 오르고 있으므로 지하에 새로운 마그마가 축적되고 있을 것으로 추측됩니다.

용암에도 여러 가지 형태가 있습니다. 점성(끈기)이 높은 용암의 표면에는 **괴상 용암**이 형성되거나, 점성이 낮은 용암의 표면에는 **승상 용암**이 형성되기도 합니다(그림 4-4, 그림 4-5). 또한 물속으로 분출된 용암은 **베개 용**

**암**이 됩니다. 베개 용암은 물과 만나 급속히 냉각되었기 때문에 표면에는 방사형으로 금이 생깁니다(그림 4-6).

**그림 4-4 괴상 용암** **그림 4-5 승상 용암**

**그림 4-6 방사형으로 금이 간 베개 용암**

**화산 가스**는 분화구나 분기공에서 분출되는 기체입니다. 화산 가스는 대부분 수증기이며, 그 밖에 이산화탄소, 이산화황, 황화수소 등도 약간 포함되어 있습니다. 이산화황은 자극적인 냄새가 나는 무색 기체로, 흡입하면 기관지 천식이나 기관지염 등 호흡기 질환을 일으킬 수 있습니다. 또한 **황화수소**는 썩은 계란 냄새가 나는 무색 기체로, 흡입하면 호흡 마비 등을 일으킬 수 있습니다.

아키타현의 도로유 온천에는 화산 가스가 분출되는 곳이 있으며, 2005년에는 황화수소에 중독되어 사망하는 사고가 발생해 출입이 금지되는 구역이 있습니다. 또한 아오모리현 스카유 온천에서도 2010년에 황화수소

중독에 의한 사망 사고가 발생했습니다. 화산 가스에는 위험한 성분이 포함되어 있어 위험하므로 주의해야 합니다.

**화산 쇄설물**(화쇄물)은 화산이 분화하면서 방출되는 마그마나 산체의 파편을 말합니다. 화산 쇄설물은 크기에 따라 분류할 수 있습니다. 화산 쇄설물 중 지름이 64mm 이상인 것을 **화산암괴**, 지름 2~64mm인 것은 **화산력**, 지름 2mm 이하인 것을 **화산재**라고 합니다.

2010년에는 에이야프얄라요쿨 화산(아이슬란드)이 분화하면서 발생한 대량의 화산재가 유럽 상공으로 확산되면서 유럽 각국의 항공편이 결항되기도 했습니다. 화산재는 항공기 엔진 고장의 원인이 되는 것으로 알려져 있습니다. 1982년 갈룽궁산(인도네시아) 분화 때에는 화산재가 고도 10,000m 이상까지 치솟아 비행 중이던 보잉 747 여객기의 모든 엔진이 멈춰버렸습니다. 이후 일부 엔진이 재시동하여 자카르타 국제공항에 비상 착륙하면서 참사를 피했습니다. 이러한 사고를 막기 위해 **화산재 정보 센터**(VAAC: Volcanic Ash Advisory Center)를 설립하여 현재는 화산재의 이동과 분포나 확산 예측 등 관련 정보를 항공 관계자들에게 신속하게 전달하고 있습니다.

일본 상공에서는 편서풍이 불기 때문에 상공으로 방출된 화산재는 대부분 분화구보다 동쪽에 떨어집니다. 화산재는 호흡기와 눈에 손상을 줄 수 있으므로 주의해야 합니다. 가고시마 지방 기상대에서는 사쿠라섬의 분화 시 강회(화산재가 떨어지는 것) 정보를 발표하고 있으므로, 이러한 정보를 활용하는 것도 중요합니다(그림 4-7).

**그림 4-7 사쿠라섬의 분화로 소량의 강회가 예상된 범위**

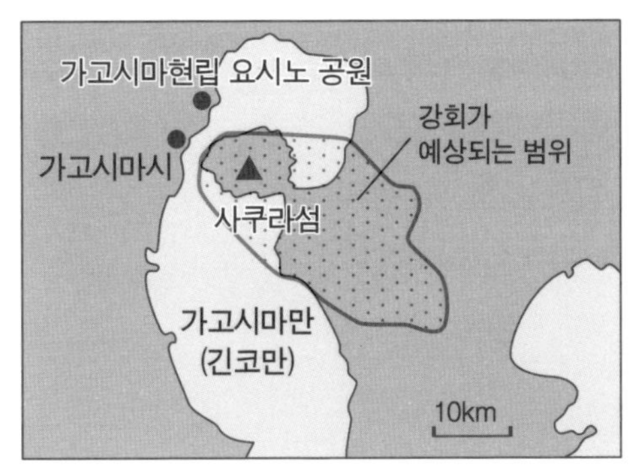


2022년 9월 30일 11시 44분 분화로 인한 15시까지의 강회를 나타낸다.(가고시마 지방기상대에서 발표한 정보를 바탕으로 작성)

화산 쇄설물은 형태에 따라 분류되기도 합니다. 마그마가 분출될 때 휘발성 성분이 빠져나가 대량의 기포가 만들어지면 구멍이 많은 다공질의 화산 쇄설물이 생깁니다. 이러한 화산쇄설물 중 색깔이 흰 것은 **경석**, 검은 것은 **스코리아**라고 합니다(그림 4-8 · 그림 4-9).

폭발적인 분화가 일어나 마그마가 공중으로 분출되어 식으면 독특한 모양의 화산 쇄설물이 만들어지기도 합니다. 이러한 화산 쇄설물을 **화산탄**이라고 합니다.

화산탄에는 공중에서 회전하며 만들어진 **방추형 화산탄**, 지면에 떨어질 때의 충격으로 형태가 변형된 **소똥형 화산탄**, 지면에 떨어진 뒤 표면에 빵껍질 같은 균일이 생긴 **빵껍질형 화산탄** 등이 있습니다(그림 4-10).

그림 4-8 경석

그림 4-9 스코리아

그림 4-10 빵껍질형 화산탄

## 화산 분화의 종류

마그마가 지표로 분출하는 현상을 **마그마 분화**라고 합니다. 마그마 분화의 유형은 주로 마그마의 점성이나 마그마에 포함된 휘발성 성분의 양 등에 따라 달라지며, 비교적 조용한 분화가 일어나기도 하고 폭발적인 분화가 일어나기도 합니다(그림 4-11).

점성이 낮은 (현무암질) 용암이 연속적으로 흘러나오는 분화를 **하와이식 분화**라고 합니다. 마그마가 분수처럼 솟아오르는 경우도 있습니다. 하와이식 분화는 하와이섬의 킬라우에아 화산과 마우나로아 화산 등에서 볼 수 있습니다.

**그림 4-11 마그마 분화의 유형**

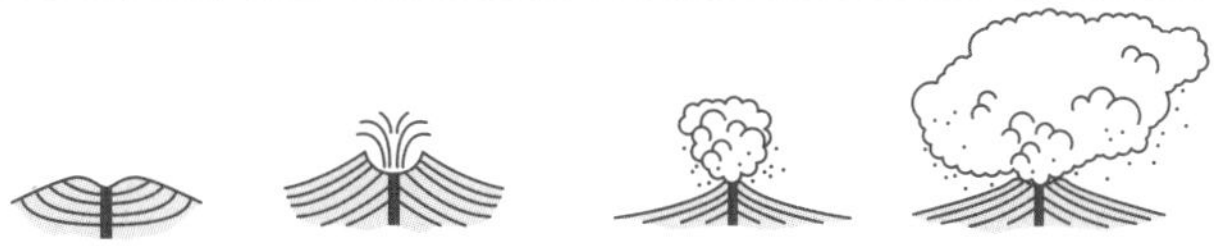

| 분화의 유형 | 하와이식 | 스트롬볼리식 | 불카노식 | 플리니식 |
|---|---|---|---|---|
| 마그마의 점성 | 낮다 ◀ | | ▶ | 높다 |
| 휘발성 성분 | 적다 ◀ | | ▶ | 많다 |

점성이 비교적 낮은 (현무암질~안산암질) 마그마나 용암 조각이 소규모 폭발로 분출하고, 이것이 주기적으로 반복되는 분화를 **스트롬볼리식 분화**라고 합니다.

스트롬볼리식 분화는 스트롬볼리섬(이탈리아), 파리쿠틴산(멕시코), 아소산의 나카다케(구마모토현), 이즈오섬의 미하라산(도쿄도) 등에서 발생했습니다.

점성이 비교적 높은 (안산암질) 마그마가 일시적으로 화구나 화도를 막고 몇 시간~며칠 간격으로 큰 소리를 내며 폭발을 반복하는 분화를 **불카노식 분화**라고 합니다. 이 분화는 분석(화산 자갈)이나 용암류를 동반하는 경우가 많으며, 폭발에 의한 공기 진동으로 유리창이 깨질 수도 있습니다. 불카노식 분화는 불카노 화산(이탈리아), 사쿠라섬(가고시마현), 아사마산(나가노현·군마현) 등에서 발생했습니다(그림 4-12).

그림 4-12 2012년 사쿠라섬의 분화

가고시마현립 요시노 공원(사쿠라섬 북서쪽)에서 촬영.

점성이 높은 (데사이트질~유문암질) 마그마와 화산 가스가 화구에서 폭발적으로 분출하여 대규모의 분연주(화산재 기둥)를 형성하는 분화를 **플리니식 분화**라고 합니다. 플리니식 분화가 발생하면 주변 지역에는 다량의 화산재와 경석이 떨어집니다. 79년 베수비오 화산(이탈리아)의 분화로 고대 도시 폼페이는 대량의 경석과 화산재에 매몰되었습니다. 1991년 피나투보 화산(필리핀) 분화 때에는 분출한 화산재나 화산 가스가 고도 20km 상공까지 올라갔습니다. 일본에서는 1977년 우스산(홋카이도)에서 플리니식 분화가 발생했을 때는 분연(분화구에서 나오는 연기)이 고도 10km까지 치솟았습니다.

한편 마그마가 분출되지 않는 분화도 있습니다(그림 4-13). 화산 아래 있는 물이 지표 부근까지 상승한 마그마에 가열되어 수증기로 변할 때 부피가 급격히 팽창하면서 폭발적인 분화가 일어날 수 있습니다. 이런 분화를 **수증기 분화**라고 합니다. 수증기 분화의 경우 상승한 마그마는 지표로 분출되지 않고 주로 화산 가스나 산체의 일부가 분출됩니다. 1888년 반다이산(후쿠시마현), 2014년 온타케산(나가노현·기후현)의 수증기 분화로 많은 희생자가 발생했습니다.

또 지표 부근까지 상승한 마그마와 화산 아래 있는 물과 직접 만나 수증기와 함께 분출하는 폭발적인 분화를 **마그마 수증기 분화**라고 합니다. 마그마 수증기 분화의 경우 마그마에서 유래한 물질이 지표로 분출됩니다. 1983년 미야케섬(도쿄도)에서는 해안 부근에 새롭게 화구가 생겨 마그마가 지하수나 바닷물과 접촉하면서 폭발이 일어났습니다. 1989년에는 이토만(시즈오카현 이토시 앞바다) 해저에 있는 데이시 해구(수심 약 100m)에서 마그마 수증기 분화가 발생해 해상에서는 물기둥이 약 100m 높이까지 솟았습니다.

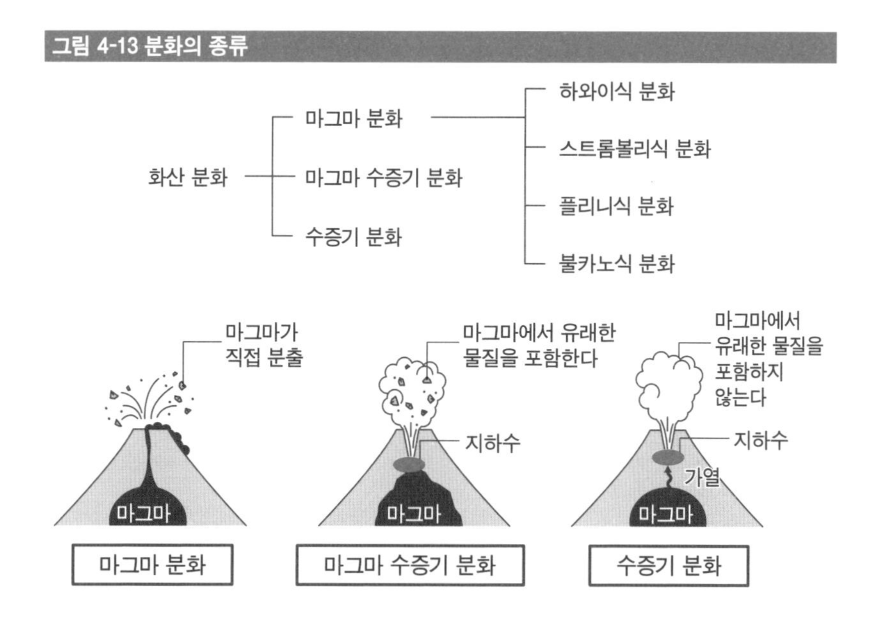

그림 4-13 분화의 종류

## 마그마의 성질

분화의 유형에 영향을 미치는 마그마의 점성은 마그마의 온도와 마그마에 포함된 이산화규소($SiO_2$)의 함량에 따라 달라집니다. 온도가 낮을수록, $SiO_2$ 성분의 함량이 높을수록 마그마의 점성은 커집니다.

온도가 높고 $SiO_2$ 성분의 함량이 낮은 **현무암질 마그마**는 점성이 낮아 잘 흐르는 성질이 있습니다. 반대로 온도가 낮고 $SiO_2$ 성분의 함량이 높은 **유문암질 마그마**는 점성이 높아 잘 흐르는 않는 성질이 있습니다(그림 4-14).

**그림 4-14 마그마의 성질**

| 마그마의 성질 | 현무암질 | 안산암질 | 데사이트질 | 유문암질 |
|---|---|---|---|---|
| 점성 | 낮다 (잘 흐른다) | ← | → | 높다 (잘 흐르지 않는다) |
| 온도 | 높다 (1200℃) | ← | → | 낮다 (900℃) |
| $SiO_2$의 함량 | 낮다 | ← | → | 높다 |

## 화산 재해

온천이나 지열을 이용한 지열 발전 등 화산 활동은 사람들에게 혜택을 주기도 하지만, 큰 피해를 가져오는 경우도 많습니다. 상공에 분출된 화산재가 항공기 엔진에 빨려 들어가 고장을 일으키기도 하고, 땅으로 떨어진 화산재는 농작물에 피해를 주기도 합니다.

또한 화산의 폭발적 분화에 의해 **화쇄류**가 발생할 수 있습니다. 화쇄류란 고온의 화산 가스가 화산재나 경석 등 화산 쇄설물과 함께 빠르게 산허리를 타고 흘러내리는 현상입니다.

화쇄류의 속도는 시속 100km를 넘는 경우도 있어서 사람이 달리는 속도로는 피할 수 없습니다. 1991년 운젠 후겐다케(나가사키현)의 폭발적인 분화로 산체의 일부가 부서지면서 화쇄류가 발생했고, 2014년 온타케산 분화 때에는 분연주가 무너져 낙하하면서 화쇄류가 발생했습니다. 화쇄류는 과거 일본 화산에서 여러 차례 발생하여 많은 사망자를 낸 위험한 현상입니다.

이러한 화산 재해에 대비하기 위해 일본 정부와 지자체에서는 피해 범위를 예측하고 지도화한 **해저드 맵**(재해 예측 지도)을 제작, 배포하고 있습니다. 화산 해저드 맵은 예상되는 화쇄류의 도달 범위, 화산재가 떨어지는 범위, 토석류와 화산이류* 등의 2차 재해의 범위 등이 표시되어 있는 것도 있습니다.

화산 재해뿐만 아니라 홍수 해저드 맵, 토사 재해 해저드 맵 등도 지역별로 제작, 배포하고 있습니다. 재해가 발생하기 전 미리 해저드 맵을 살펴보고 피난 장소와 피난 경로를 확인해 둘 필요가 있습니다.

## 화산의 형태

마그마가 지표로 분출한 뒤 식어서 굳어진 용암에 의해 화산이 만들어지기도 합니다. 화산에는 쇼와신산 같은 종상 화산(용암 돔), 후지산이나 아사마산 같은 성층 화산, 하와이의 마우나로아 같은 순상 화산 등 다양한 형태가 있습니다(그림4-15).

그림 4-15 화산의 형태

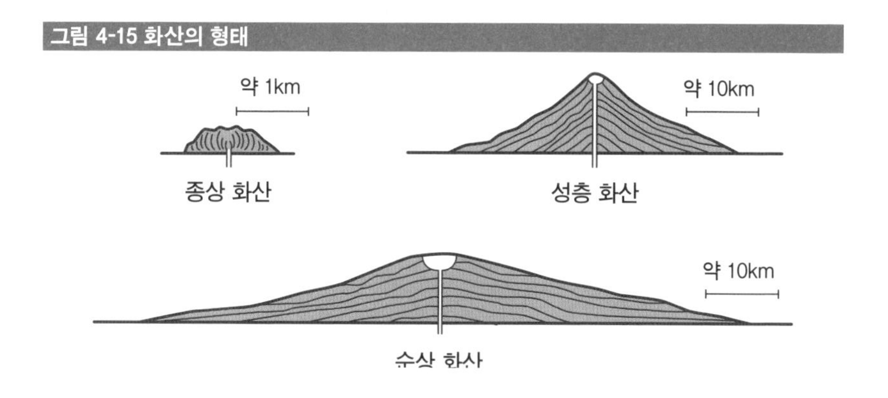


* 화산이류 : 화산 쇄설물이 많은 물과 섞여 산비탈을 타고 빠르게 흘러 내려가는 현상

화산의 형태는 대개 마그마의 점성에 의해 결정됩니다. **순상 화산**은 점성이 낮은 현무암질 마그마가 분출하여 만들어진 경사가 완만한 화산입니다. 마그마의 분출이 여러 차례 반복되어 형성되기 때문에 대체로 규모가 큽니다. **종상 화산**은 점성이 높은 데사이트질이나 유문암질 마그마의 분출로 만들어진 경사가 급한 화산입니다.

성층 화산은 안산암질 마그마가 분출을 반복하여 만들어지는 경우가 많으며, 현무암질이나 데사이트질 마그마의 분출에 의해서도 형성될 수 있습니다. 아사마산과 사쿠라섬은 주로 안산암으로 이루어져 있지만, 후지산은 주로 현무암으로 이루어져 있습니다. 또 분화가 일어나면 화구에서 용암이 흘러나오고 화산 쇄설물(화산재 등)이 분출되는 과정이 반복해서 일어나므로 성층 화산은 용암과 화산 쇄설물이 여러 겹 번갈아 쌓여 층을 이루고 있습니다.

점성이 높은 마그마는 마그마에서 기포가 빠져나가기 어렵기 때문에, 폭발적인 분화를 일으키기 쉬운 성질이 있습니다. 폭발적인 분화가 발생하면, 지하의 대량의 마그마가 분출되면서 마그마 방에 빈 공간이 생기고, 그 위의 산체가 함몰되어 **칼데라**라는 움푹 파인 지형이 형성될 수 있습니다.

## 화산의 분포

화산은 지구상 어디에나 고르게 분포하는 것이 아니라 판의 확대 경계나 섭입 경계에 모여 있습니다. 판의 확대 경계인 해령에서는 맨틀 물질이 상승하여 현무암질 마그마가 생성되고 있습니다. 대서양 중앙 해령 위에 있는 아이슬란드에도 화산이 많이 분포합니다.

또한 판의 섭입 경계에 있는 일본 열도에도 화산이 많습니다. 일본의 화산은 해구에서 대륙 쪽으로 약 100~300km 떨어진 위치에 분포합니다. 화산이 분포하는 지역의 해구 쪽 경계선을 **화산 전선**(화산 프런트)이라고 합니다. 즉, 화산은 화산 전선의 대륙 쪽에 분포하며 화산 전선과 해구 사이에는 화산이 없습니다(그림 4-16).

과거 약 1만 년 이내 분화한 적이 있거나 현재 화산 분출물이 방출되는 등 활발하게 활동 중인 화산을 **활화산**이라고 합니다. 활화산은 전 세계에 약 1,500여 개가 있으며, 일본에는 110개가 있습니다. 일본은 세계에서 화산 활동이 가장 활발한 지역에 속합니다.

**그림 4-16 일본의 화산 분포**

# 화성암

## 화성암의 조직

지각을 구성하는 암석 중 마그마가 식어서 굳은 암석을 **화성암**이라고 합니다. 화성암은 여러 가지 광물이 모여 만들어집니다. 광물의 결정 크기나 결합 방식을 암석의 조직이라고 합니다.

화성암 중 마그마가 지하 깊은 곳에서 천천히 식으면서 만들어진 암석을 **심성암**이라고 합니다. 천천히 냉각되므로 결정의 크기가 비교적 크고 고른 조직이 형성되는데, 이러한 조직을 **등립상 조직**이라고 합니다. 반면 마그마가 지표 부근에서 급격히 식어 굳은 암석은 **화산암**이라고 합니다. 화산암은 몇 개의 큰 결정들과 그 사이를 메우는 매우 작은 결정 또는 유리질로 구성된 **반상조직**을 보입니다. 지하의 마그마 방 등에서 천천히 식어 굳은 부분이 큰 결정이 되고, 이 결정을 포함한 마그마가 지표 부근까지 상승하여 급속하게 식어 굳은 부분이 매우 작은 결정이나 유리질이 됩니다. 반상조직에서 볼 수 있는 큰 결정을 **반정**이라고 하며, 이를 둘러싼 매우 작은 결정은 **석기**라고 부릅니다.

## 화성암의 분류

앞에서 살펴본 대로 화성암은 암석의 조직에 따라 크게 화산암과 심성암으로 나뉩니다. 또한 암석의 화학 조성(원소 비율)에 따라서도 분류할 수 있습니다. 화성암에 가장 많이 포함되어 있는 성분은 이산화규소($SiO_2$)입니다. 따라서 이 $SiO_2$의 함량에 따라 분류하면 $SiO_2$의 함량이 높은 쪽부터 차례로 규장질암, 중성암, 고철질암, 초고철질암으로 나뉩니다(표 4-1).

**표 4-1 $SiO_2$의 함량에 따른 화성암의 분류**

| | |
|---|---|
| 규장질암 | 63% 이상 |
| 중성암 | 52~63% |
| 고철질암 | 45~52% |
| 초고철질암 | 45% 이하 |

화산암의 경우는 $SiO_2$의 함량이 높은 쪽것부터 차례로 유문암, 데사이트, 안산암, 현무암으로 나뉘며, 심성암은 화강암, 섬록암, 반려암으로 나뉩니다(그림 4-17, 그림 4-18).

또 반려암(고철질암)보다 $SiO_2$의 함량이 낮은 심성암으로는 상부 맨틀 구성하는 감람암(초고철질암)이 있습니다.

그림 4-17 화산암의 분류

| 암석의 분류 | 고철질암 | 중성암 | 규장질암 | |
|---|---|---|---|---|
| $SiO_2$ (함량%) | 45 ↔ 52 | 52 ↔ 63 | 63 ↔ 70 | 70 ↔ 75 |
| 화산암 | 현무암 | 안산암 | 데사이트 | 유문암 |

그림 4-18 심성암의 분류

| 암석의 종류 | 고칠질암 | 중성암 | 규장질암 |
|---|---|---|---|
| 심성암 | 반려암 | 섬록암 | 화강암 |

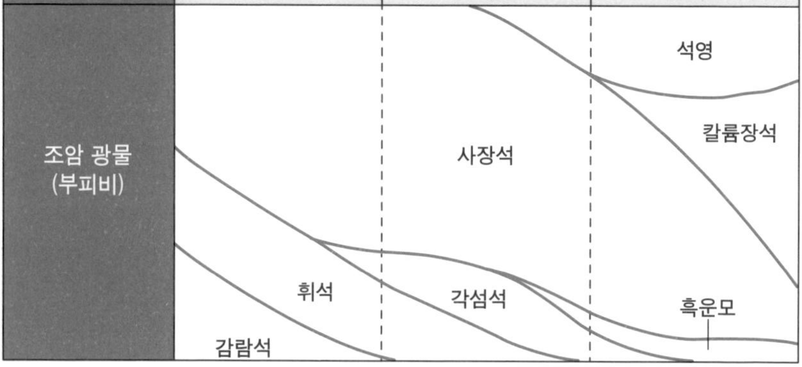

조암 광물
(부피비)
석영
칼륨장석
사장석
휘석
각섬석
흑운모
감람석

## 유색 광물과 무색 광물

화성암에는 밝은색을 띠는 암석도 있고, 어두운색을 띠는 암석도 있습니다. 화성암의 색은 화성암에 포함된 광물에 따라 달라집니다.

화성암에 포함된 감람석, 휘석, 각섬석, 흑운모 등 어두운색을 띠는 광물은 **유색 광물**이라고 합니다. 고철질암(현무암이나 반려암)이나 초고철질암(감람암)은 유색 광물을 많이 포함하고 있으므로 어두운색을 띱니다. 또한 유색 광물은 대개 마그네슘과 철을 많이 포함하고 있어 **고철질 광물**이라고도 부릅니다.

반면 석영, 칼륨장석, 사장석 등의 광물은 밝은색을 띠기 때문에 **무색 광물**이라고 합니다. 규장질암(유문암이나 화강암)은 무색 광물이 많이 포함하고 있어 밝은색을 띱니다. 또한 무색 광물은 규소를 많이 포함하고 있기 때문에 **규장질 광물**이라고도 부릅니다.

이처럼 화성암은 유색 광물과 무색 광물이 포함된 비율에 따라 분류할 수도 있습니다. 화성암에 포함된 유색 광물의 양을 부피비로 나타낸 것을 **색지수**라고 합니다.

예를 들어 색지수가 20인 화성암은 암석 전체 중 20부피%가(부피%: 같은 압력에서 어떤 물질에 함유된 특정 성분의 부피가 물질 전체의 부피에 대해 가지는 백분율.) 유색 광물이 됩니다. 유색 광물의 양이 적은 규장질암의 색지수는 일반적으로 10 이하이며 유색 광물의 양이 많은 고철질암이나 초고철질암의 색지수는 일반적으로 40 이상이 됩니다.

## 규산염 광물

암석을 구성하는 광물은 원자나 이온이 규칙적으로 배열된 고체이며, **결정**이라고 부르기도 합니다. 화성암의 조암 광물은 1개의 규소와 4개의 산소가 결합된 **규산염($SiO_4$) 사면체**를 기본으로 하는 결정 구조를 갖습니다(그림 4-19).

그림 4-19 $SiO_4$ 사면체

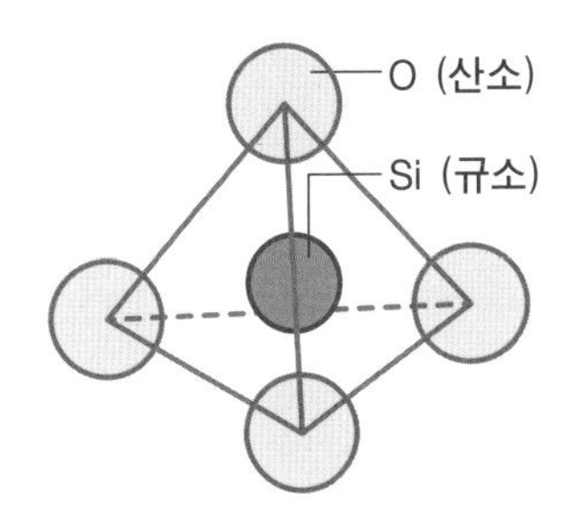


예를 들어, 감람석은 하나의 $SiO_4$ 사면체가 다른 $SiO_4$ 사면체와 결합하지 않고 독립적으로 떨어져 있지만(독립 사면체), 휘석은 $SiO_4$ 사면체가 길

게 연결되어 사슬 모양을 이룹니다. 둘 다 $SiO_4$ 사면체 사이에는 철(Fe)이나 마그네슘(Mg) 이온이 들어가 있습니다.

이와 같이 $SiO_4$ 사면체를 기본 구조로 하는 광물을 **규산염 광물**이라고 합니다(그림 4-20).

그림 4-20 규산염 광물의 결정 구조

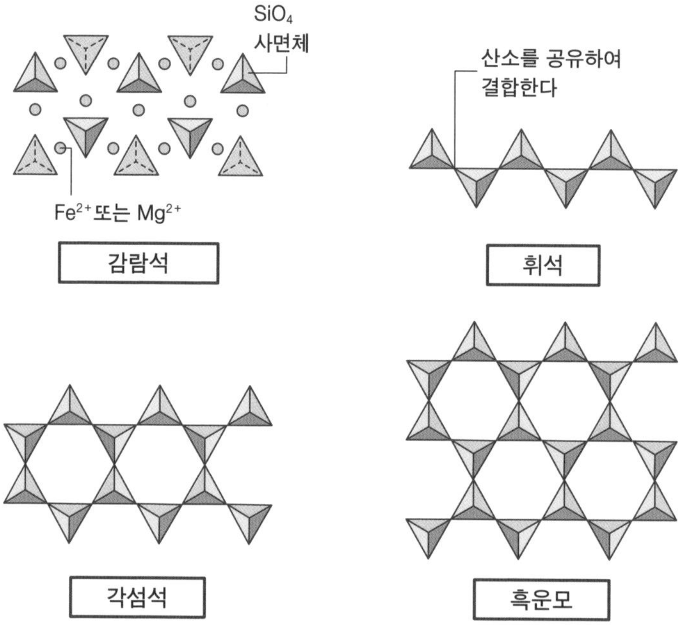

광물은 특정 방향으로 쪼개지기도 하고, 불규칙하게 깨지기도 합니다. 광물이 특정 방향을 따라 쪼개지는 성질을 **벽개**라고 합니다.

규산염 광물의 경우 $SiO_4$ 사면체끼리는 매우 강하게 결합되어 있으므로, 외부에서 힘을 가하면 $SiO_4$ 사면체의 연결이 없는 곳에서 깨집니다. 예를 들어, 감람석은 $SiO_4$ 사면체가 독립적으로 존재하기 때문에 방향성 없이 불규칙하게 깨집니다. 즉, 감람석은 벽개가 없습니다.

반면 휘석의 경우 $SiO_4$ 사면체가 사슬 모양으로 연결되어 있어 외부에서 힘이 가해졌을 때 $SiO_4$ 사면체를 연결하는 사슬이 끊어져 깨지는 것이 아니라, 결합력이 약한 사슬과 사슬 사이($SiO_4$ 사면체가 연결된 방향과 평행한 방향)에서 쪼개집니다. 이처럼 휘석은 특정 방향으로 쪼개지므로 벽개가 있습니다.

## 고용체

감람석이나 휘석에는 $SiO_4$ 사면체 사이에 철이나 마그네슘 등의 이온이 들어가 있습니다. 철과 마그네슘 중 어느 쪽이 들어가든 감람석이나 휘석은 생성되므로, 감람석이나 휘석에는 철이 많이 포함되어 있는 것도 있고 마그네슘이 많이 포함되어 있는 것도 있습니다.

철 또는 마그네슘이 들어가더라도 다른 원자나 이온의 배열 방식은 바뀌지 않습니다. 이와 같이 결정 구조(원자나 이온의 배열 방식)는 변하지 않고 화학 조성이 연속적으로 변하는 광물을 **고용체**라고 합니다.

감람석과 휘석뿐만 아니라 각섬석과 흑운모 등의 고철질 광물에는 철과 마그네슘이 포함되어 있는데, 그 비율은 연속적으로 변합니다. 즉 감람석, 휘석, 각섬석, 흑운모 등의 고철질 광물은 고용체입니다.

## 마그마의 생성

상부 맨틀은 주로 감람암으로 이루어져 있는데, 감람암의 일부가 녹으면서 마그마가 생성될 수 있습니다. 암석의 녹기 쉬운 성분이 부분적으로 녹는 것을 **부분 용융**이라고 합니다.

상부 맨틀에서 감람암이 녹으려면, 상부 맨틀의 온도가 감람암이 녹는 온도(용융점, 녹는점)보다 높아야 합니다. 보통 상부 맨틀의 온도는 감람암의 용융점보다 낮기 때문에 감람암은 녹지 않습니다.

그런데 해령이나 열점의 아래에서는 상부 맨틀의 물질이 지하 깊은 곳에서 상승하여 압력이 감소하면 맨틀 물질의 온도가 감람암의 용융점을 넘어서면서 감람암의 부분 용융이 일어납니다(그림 4-21).

그림 4-21 감람암의 용융 곡선

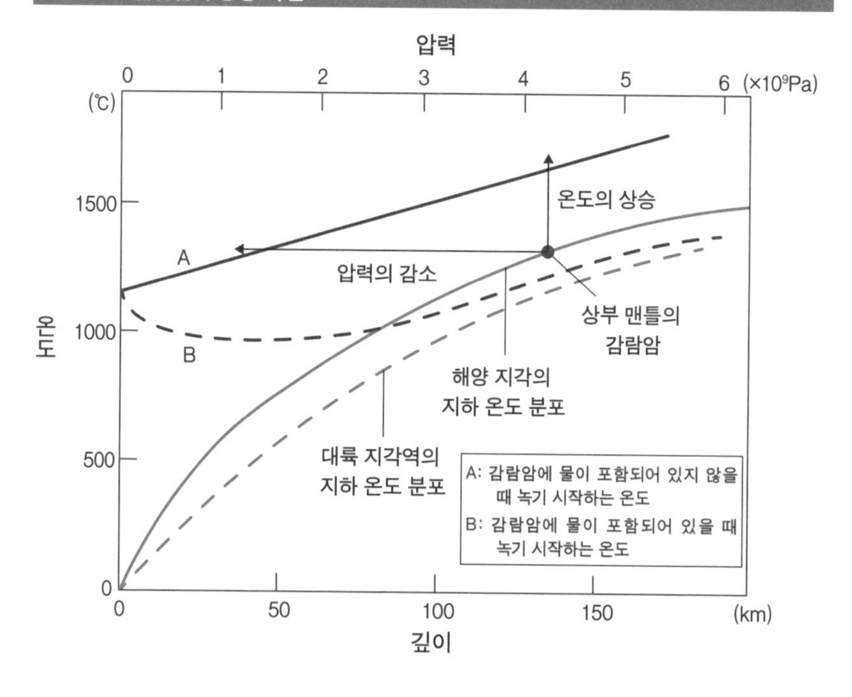


이때 감람암은 구성 성분 중에서 녹기 쉬운 부분만 녹습니다. 이렇게 해서 생성된 마그마는 감람암과 성분이 약간 다른 현무암질 마그마가 됩니다. 이 마그마가 상승하여 해령이나 열점에서는 현무암질 마그마의 활동이 일어납니다.

반면 일본 열도와 같은 판의 섭입 경계에서 생성되는 마그마는 해령이나 열점에서 생성되는 마그마와 생성 과정이 다릅니다. 일본의 지하에는 해양 판이 섭입하면서 해양 지각에서 빠져나온 물이 맨틀에 공급됩니다. 이 물이 지하의 감람암에 포함되면 감람암의 용융점이 낮아지기 때문에 마그마가 생성되기 쉬워지는 것입니다.

## 마그마의 결정 분화 작용

상부 맨틀에서 감람암이 부분 용융되면서 생성된 현무암질 마그마는 지각 내를 상승하면서 온도가 내려갑니다. 마그마의 온도가 내려가면 그 속에 녹아 있던 성분이 결정(광물)이 되어 굳습니다.

일반적으로 마그마에서 정출(결정이 생성되는 것)되는 광물은 석영, 사장석, 칼륨장석, 흑운모, 각섬석, 휘석, 감람석 등이 있습니다. 그러나 이러한 광물들이 같은 온도에서 동시에 냉각되어 굳는 것은 아닙니다. 높은 온도에서 굳는 광물도 있고, 낮은 온도에서 굳는 광물도 있습니다.

상부 맨틀에서 생성된 고온의 현무암질 마그마의 온도가 내려가기 시작하면, 먼저 감람석과 칼슘(Ca)이 풍부한 사장석이 정출됩니다. 이 광물들이 마그마의 바닥으로 가라앉아 마그마에서 빠져나가면, 남아 있는 마그마의 화학 조성(녹아 있는 성분의 비율)이 변화하게 됩니다.

예를 들어, 감람석에는 철이나 마그네슘이 많이 포함되어 있는데, 마그마에서 감람석이 정출되면 남아 있는 마그마에 녹아 있는 철이나 마그네슘의 함량은 낮아집니다. 한편 남아 있는 마그마에 녹아 있는 이산화규소($SiO_2$)의 함량은 높아집니다.

이렇게 해서 현무암질 마그마와 화학 조성이 다른 마그마가 되는 것입니다. 마그마에서 광물이 정출됨에 따라 남아 있는 마그마의 화학 조성이 변하는 것을 **마그마의 결정 분화 작용**이라고 합니다(그림 4-22).

**그림 4-22 마그마의 결정 분화 작용**

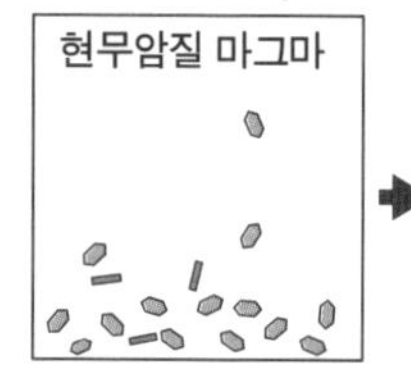


감람암(⬭), Ca가 풍부한 사장암(▭)이 결정화해 마그마의 하부에 가라앉는다.

휘석(▬)이 결정화하기 시작한다. 사장석은 서서히 Na가 풍부해진다.

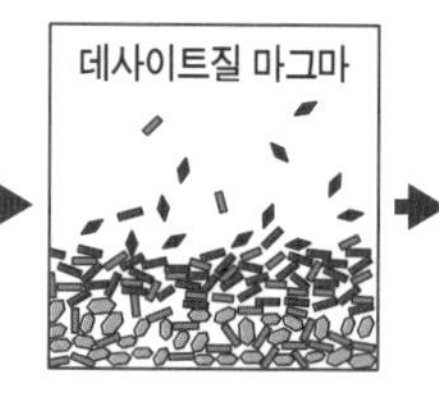


각섬석(◆)이 결정화하기 시작한다.

흑운모(⬢)·석영(▲)·칼륨장석(■), Na가 풍부한 사장석(▭)이 결정화하기 시작한다.

현무암질 마그마에서 감람석이나 칼슘이 풍부한 사장석이 빠져나가면, 현무암질 마그마보다 이산화규소가 풍부하고 철이나 마그네슘은 적은 안산암질 마그마가 생성됩니다. 또한 안산암질 마그마에서 휘석이나 사장석 등 광물이 정출되면 데사이트질 마그마가 생성됩니다. 데사이트질 마그마에서 각섬석이나 사장석 등의 광물이 정출되면 유문암질 마그마가 생성됩니다. 온도가 낮은 유문암질 마그마에서는 흑운모, 나트륨(Na)이 풍부한 사장석, 칼륨장석, 석영 등이 정출됩니다. 이처럼 마그마의 결정 분화 작용으로 화학 조성이 다른 마그마가 생성되기 때문에 현무암이나 안산암 등 여러 종류의 화성암이 만들어지는 것입니다.

# 제 5 장

# 지구의 대기

# 대기권

## 대기의 조성

대기권이란 지구를 둘러싸고 있는 대기의 층을 말합니다. 대기는 상공으로 갈수록 희박해지기 때문에 대기권의 끝이 어디인지 명확히 정의되어 있지 않지만, 보통 고도 500~1,000km로 봅니다. 지표 부근의 대기는 수증기를 제외하면 부피비를 기준으로 질소가 약 78%, 산소가 약 21%를 차지합니다(표 5-1).

**표 5-1 지표 부근의 수증기를 제외한 대기 조성**

| 성분 | 부피% |
|---|---|
| 질소 ($N_2$) | 78 |
| 산소 ($O_2$) | 21 |
| 아르곤 (Ar) | 0.93 |
| 이산화탄소 ($CO_2$) | 0.04 |

대기 중의 수증기는 지표 부근에서는 부피비로 약 1~3%를 차지하지만, 시간이나 장소에 따라 크게 달라집니다. 또 이산화탄소는 지표 부근에서는 부피비로 약 0.04%를 차지하지만, 많은 사람이 모인 건물 안이나 환기가 잘 되지 않는 회의실 내부 같은 곳에서는 0.10%를 넘기도 합니다. 이산화탄소의 농도가 높아지면 피로감이나 두통 등의 증상을 호소하는 사람이 늘기 때문에 일본의 후생노동성에서는 실내 이산화탄소 농도를 0.10%

이하로 유지하도록 권장하고 있습니다.

대기 중에 수증기나 이산화탄소가 차지하는 비율은 낮지만, 수증기는 기후의 변화에 영향을 주고, 온실가스인 이산화탄소는 지구 환경에 영향을 미칩니다. 기후 변화와 지구 환경에 대해 이해하려면, 먼저 수증기나 이산화탄소 등 대기 중의 미량 성분에 대해 이해하는 것이 중요합니다.

## 기압

지구의 대기는 중력에 의해 지표에로 끌어당겨지고 있으므로, 지표에는 대기의 무게에 의한 압력이 작용합니다. 이때 단위 면적당 대기의 무게를 **기압**이라고 합니다. 기압의 단위는 일반적으로 hPa(헥토파스칼)로 나타냅니다. 1m$^2$ 면적에 1N(N(뉴턴)은 힘의 단위)의 힘이 작용할 때의 압력을 1N/m$^2$ 또는 1Pa(Pa(파스칼)은 압력의 단위)로 표현합니다. 또한 1Pa의 100배의 압력을 1hPa로 나타냅니다. 즉,

$$1\text{hPa}=100\ \text{Pa}=100\ \text{N/m}^2$$

이 됩니다.

한 지점의 기압은 그 위에 있는 대기의 무게에 따라 결정되므로 고도가 높을수록 낮아집니다(그림 5-1). 후지산 정상(해발 3,776m)의 기압은 약 640hPa, 에베레스트산 정상(해발 8,848m)의 기압은 약 300hPa입니다.

일기 예보에서 흔히 보는 지상 일기도에는 **등압선**(기압이 같은 지점을 이은 선)이 4hPa 간격으로 그려집니다. 기압은 고도에 따라 달라지므로 지상 일기도에서는 각 지점에서 관측한 기압을 해수면(해발 0m)상의 기압으로 환산하여 나타냅니다. 또한 해수면에 작용하는 평균 기압을 **1기압**(1atm(아톰))이라고 합니다. 1기압은 약 1,013hPa입니다.

그림 5-1 고도와 기압의 관계

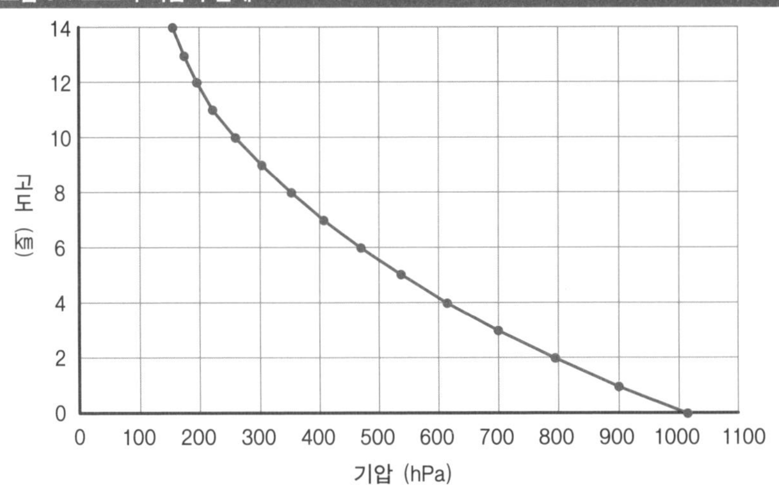


## 대기권의 구조

대기권은 고도에 따른 기온 변화를 기준으로 하층부터 차례로 대류권, 성층권, 중간권, 열권으로 분류합니다(그림 5-2). **대류권**에서는 고도가 높아질수록 기온이 낮아지고, **성층권**에서는 고도가 높아질수록 기온이 높아집니다. **중간권**에서는 성층권과 반대로 고도가 높아질수록 기온이 다시 낮아지고, **열권**에서는 고도가 높아질수록 기온이 높아집니다.

대류권과 성층권의 경계를 **대류권 계면**, 성층권과 중간권의 경계를 **성층권 계면**, 중간권과 열권의 경계를 **중간권 계면**이라고 합니다. 평균적으로 대류권 계면은 고도 약 11km, 성층권 계면은 고도 약 50km, 중간권 계면은 고도 약 85km에 위치합니다. 또한 대류권 계면의 고도는 위도에 따라 다르며 저위도에서는 약 17km, 고위도에서는 약 9km입니다

그림 5-2 대기권의 구조

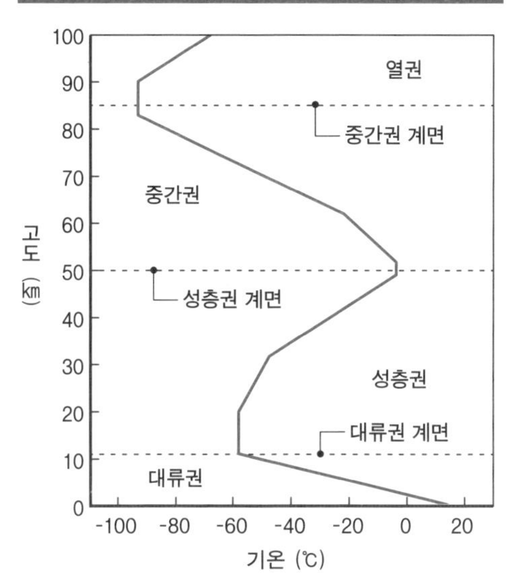


## 대류권의 기온 변화

대류권에서는 지표 부근에서 기온이 가장 높습니다. 이는 태양광이 대기 중에서는 잘 흡수되지 않고 지표에 흡수되기 때문입니다. 그리고 태양광을 흡수해 데워진 지표에서 상공으로 열이 이동하기 때문에 대류권에서는 고도가 높아질수록 기온이 낮아집니다.

지구 전체로 평균하면, 대류권에서는 고도가 100m 높아질수록 기온은 약 0.65℃씩 낮아집니다. 고도가 높아짐에 따라 기온이 낮아지는 비율을 **기온 감률**이라고 합니다.

예를 들어, 후쿠오카의 연간 평균 기온은 고도 150m에서는 16.9℃, 고도 10,490m에서는 -48.0℃입니다. 이 값에서 후쿠오카 상공의 고도 100m당 기온 감률을 구하면

$$\frac{16.9-(-48.0)}{10490-150} \times 100 = 0.627 \fallingdotseq 0.63°\mathrm{C}/100\ \mathrm{m}$$

가 됩니다.

일기 예보에서는 지상의 기온은 전해주지만, 상공의 기온은 알려주지 않습니다. 기온 감률이 0.63℃/100m라면 해발 고도가 1,000m 높아지면 기온은 6.3℃ 떨어집니다. 이런 것을 알아두면 높은 산에 오를 때 산 정상의 기온을 예측할 수 있어 도움이 됩니다. 다만 바람이 불면 체감 온도는 더 떨어지므로 기온 감률만으로 판단하지 않도록 해야 합니다.

## 기상 현상이 일어나는 대류권

대기 중의 수증기는 주로 지표나 해수면의 물이 증발하는 것을 통해 만들어집니다. 또한 대기 중의 수증기는 비나 눈이 되어 지상으로 떨어집니다. 따라서 대기 중의 수증기량은 대기권의 하층에서 많아집니다. 대부분의 수증기는 대류권에 존재하기 때문에 구름 생성, 강수 등의 기상 현상들은 대류권에서 발생합니다.

## 성층권과 오존층

성층권은 고도 약 11~50km 사이에 형성되어 있으며, 그중 고도 약 20~30km에는 오존 농도가 높은 **오존층**이 존재합니다. 오존은 태양에서 오는 자외선을 흡수하여 대기를 가열하므로 성층권의 기온은 고도가 높아질수록 올라갑니다.

성층권의 기온은 오존 농도가 높은 성층권 하부보다 성층권 상부 쪽이 더 높습니다. 성층권 상부에서는 오존의 농도가 성층권 하부만큼 높지 않지만, 태양에서 오는 자외선은 더 강합니다. 성층권에 도달한 자외선은 그 일부가 성층권 상부에 있는 오존에 흡수되어 성층권 하부로 갈수록 약해집니다(그림 5-3). 즉 성층권 하부에서는 오존의 농도는 높아도 자외선이 약하기 때문에 대기는 거의 가열되지 않습니다. 또한 성층권 상부는 하부보다 공기의 양이 적기 때문에 적은 에너지로도 온도를 높일 수 있습니다. 이런 이유로 오존의 농도가 높은 성층권 하부보다 자외선이 강하고 공기가 적은 성층권 상부의 기온이 높은 것입니다.

그림 5-3 오존의 자외선 흡수

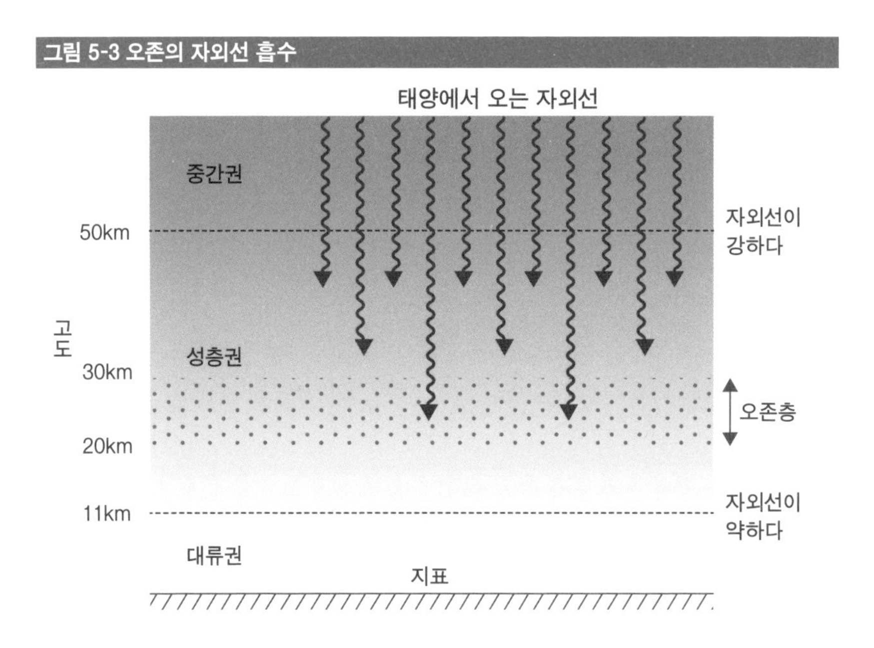


## 열권

열권은 고도 약 85~500km 사이에 있습니다. 열권에서는 대기 중의 질소나 산소가 태양에서 오는 자외선이나 X선을 흡수하여 대기를 가열하기 때문에 고도가 높아질수록 기온이 올라갑니다. 자외선이나 X선은 **전자기파**의 일종입니다. 전자기파는 파장이 짧은 순서대로 **γ**(감마)**선**, **X선**, **자외선**, **가시광선**, **적외선**, **전파**로 구분합니다. 파장이란 파동이 한 번 진동하는 구간, 즉 마루에서 다음 마루까지의 거리입니다(그림 5-4).

이러한 전자기파는 태양에서 오는 자외선처럼 에너지를 운반할 수 있습니다. 즉 어떤 물체에서 전자기파가 방출된다는 것은 그 물체에서 에너지가 방출된다는 것이며, 어떤 물체에 전자기파가 흡수된다는 것은 그 물체에 에너지가 흡수된다는 것을 의미합니다. 지구 표층이나 대기권에서는 전자기파의 흡수와 방출을 통해 에너지가 운반되고 있습니다.

**그림 5-4 전자기파의 파장**

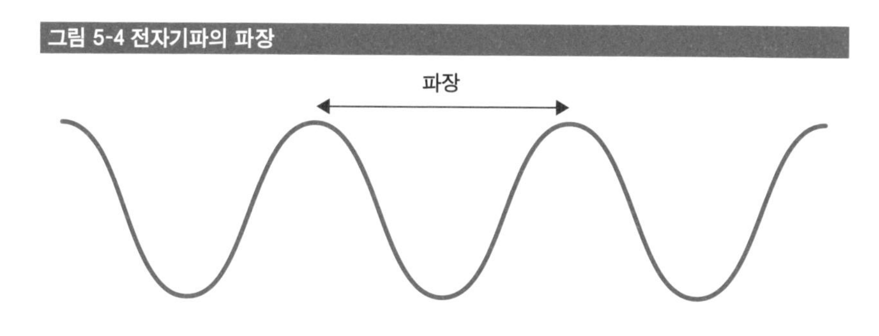


열권의 산소 분자($O_2$)는 태양에서 오는 자외선을 흡수하면 2개의 산소 원자(O)로 분해됩니다. 따라서 열권에서 대기를 구성하는 주된 성분은 산소 원자입니다.

또한 열권의 원자나 분자는 자외선이나 X선에 의해 이온화(원자나 분자가 전자를 잃거나 얻어 양 또는 음의 전하를 띤 이온이 되는 것)되어 이온과 전자로 분리되어 있습니다. 열권 중에서 특히 전자의 밀도가 높은 층을 **전리층**이라고 합니다. 전리층은 지상에서 발사한 전파를 반사하여 먼 곳까지 전달하는 성질이 있어 라디오 방송 송출이나 아마추어 무선 통신 등에 이용됩니다.

# 대기 중의 수증기

## 물의 상태 변화

대기 중에서는 물이 수증기가 되거나, 수증기가 물이 되는 등의 상태 변화가 자주 일어납니다. 예를 들어, 1g의 물이 증발하여 수증기가 될 때는 주위에서 약 2,500J의 열을 흡수합니다. 한편 1g의 수증기가 응결하여 물이 될 때는 주위로 약 2,500J의 열을 방출합니다(그림 5-5). 이처럼 물의 상태 변화에 따라 출입하는 열을 잠열이라고 합니다. 마찬가지로 얼음이 융해되어 물이 되거나 얼음이 승화하여 수증기가 될 때는 주위에서 열을 흡수하고, 물이 응고되어 얼음이 되거나 수증기가 증착*되어 얼음이 될 때는 주위로 열을 방출합니다.

그림 5-5 물의 상태 변화 과정에서 출입하는 열

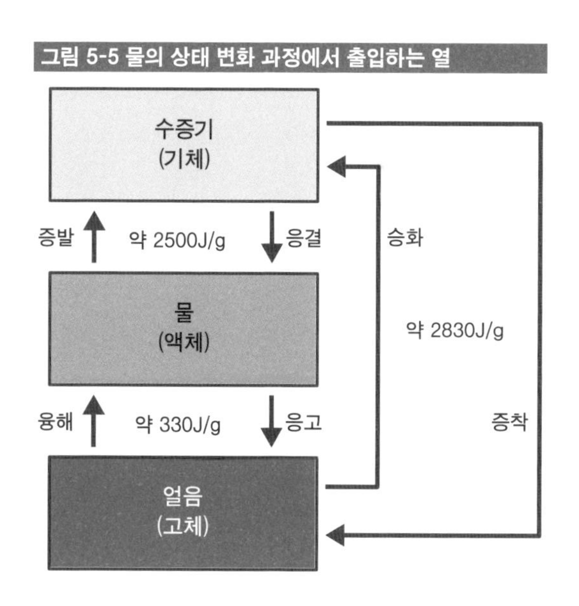


*증착(蒸着)은 화학에서 어떤 물질이 액체의 상태를 거치지 않고, 기체에서 고체로 변하는 현상이다.

해수면에서 물이 증발하여, 그 수증기가 대기 중에서 응결하여 물로 변할 때는 해수면 부근에서 열을 흡수하고, 그 열을 대기 중에 방출하게 됩니다. 따라서 물뿐만 아니라 열 또한 해수면 부근에서 대기로 운반된 것이 됩니다. 이러한 수증기에 의한 열의 이동을 **잠열 수송**이라고 합니다.

여름철 몹시 더운 날이면 살수차가 도로에 물을 뿌리며 지나갑니다. 그러면 물이 증발하면서 도로의 열을 흡수하고, 열을 빼앗긴 도로의 온도는 내려갑니다. 이에 따라 도로 주변의 기온도 약간 떨어져 시원해지지만, 때로는 증발된 물이 수증기로 공기 중에 머물러 있어 무덥게 느껴지는 경우도 있습니다.

## 포화 수증기량

물과 공기의 경계(수면)에서는 물속의 물 분자가 공기 중으로 튀어 나가기도 하고 공기 중의 물 분자(수증기)가 물속으로 들어오기도 합니다. 물속에서 공기 중으로 이동하는 물 분자가 많을 때는 공기 중의 수증기량이 증가합니다. 공기 중의 수증기량이 많아지면 공기 중에서 물속으로 이동하는 물 분자도 많아지므로, 공기 중의 수증기량은 증가하지 않습니다. 즉, 공기 중에 포함될 수 있는 수증기의 양에는 한계가 있습니다.

공기 중에 최대로 포함될 수 있는 수증기의 양을 **포화 수증기량**이라고 합니다. 일반적으로 공기 중의 수증기량은 공기 $1m^3$ 중에 포함된 수증기의 질량(g)으로 표시합니다. 즉, 포화 수증기량의 단위는 $g/m^3$를 사용합니다.

공기 중의 수증기량이 많을수록 수증기압(수증기의 압력)이 증가하므로, 공기 중의 수증기량은 수증기압으로 나타내기도 합니다. 수증기압의 단위는 hPa(hectopascal, 헥토파스칼)을 사용합니다. 공기 중에 수증기가 최대로 포함되어 있을 때의 수증기압을 **포화 수증기압**이라고 합니다.

온도가 높아지면 물속 물 분자의 운동이 활발해지므로 물속에서 공기 중으로 이동하는 물 분자가 많아지면서 공기 중의 수증기량이 증가합니다. 즉, 기온이 높을수록 공기 중에 많은 수증기가 포함될 수 있으므로, 포화 수증기량이나 포화 수증기압은 기온이 높을수록 증가합니다(그림 5-6).

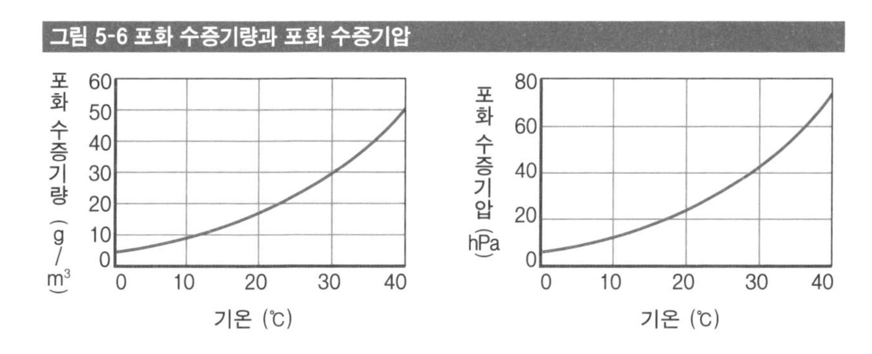

그림 5-6 포화 수증기량과 포화 수증기압

## 상대 습도

어떤 온도에서의 포화 수증기량에 대한 실제 공기에 포함된 수증기량의 비율을 **상대 습도**라고 합니다. 상대 습도는 포화 수증기압에 대한 수증기압의 비율로 나타내기도 하며, 다음 식으로 구할 수 있습니다.

$$\text{상대습도 [\%]} = \frac{\text{수증기량}}{\text{포화수증기량}} \times 100 = \frac{\text{수증기압}}{\text{포화수증기압}} \times 100$$

예를 들어, 기온이 30℃일 때 수증기량이 17.3g/m³인 공기의 상대 습도는(30℃ 공기의 포화 수증기량은 30.4g/m³)

$$\frac{17.3}{30.4} \times 100 = 56.9 \fallingdotseq 57\%$$

가 됩니다. 이 경우처럼 공기 중의 수증기량이 포화 수증기량보다 적은 상태를 **불포화** 또는 미포화 상태라고 합니다.

또한 기온이 30℃이고 수증기량이 30.4g/m³인 공기의 상대 습도는 100%입니다. 이처럼 공기 중의 수증기량이 포화 수증기량과 같은 상태를

**포화** 상태라고 합니다.

## 이슬점

포화 수증기량은 기온이 낮을수록 적어지므로, 기온이 내려가면 어떤 온도에서 공기 중의 수증기가 포화됩니다. 여기서 기온이 더 내려가면 공기 중의 수증기량이 포화 수증기량을 초과하게 되어, 공기 중에 수증기의 일부를 포함할 수 없게 됩니다. 이때 수증기가 응결하여 물방울이 만들어집니다. 이와 같이 기온이 낮아지면서 물방울이 생기기 시작하는 온도(공기 중의 수증기량이 포화 수증기량과 같아지는 온도)를 **이슬점**이라고 합니다.

그림 5-7 기온 하강에 따른 공기 중의 수증기량 변화

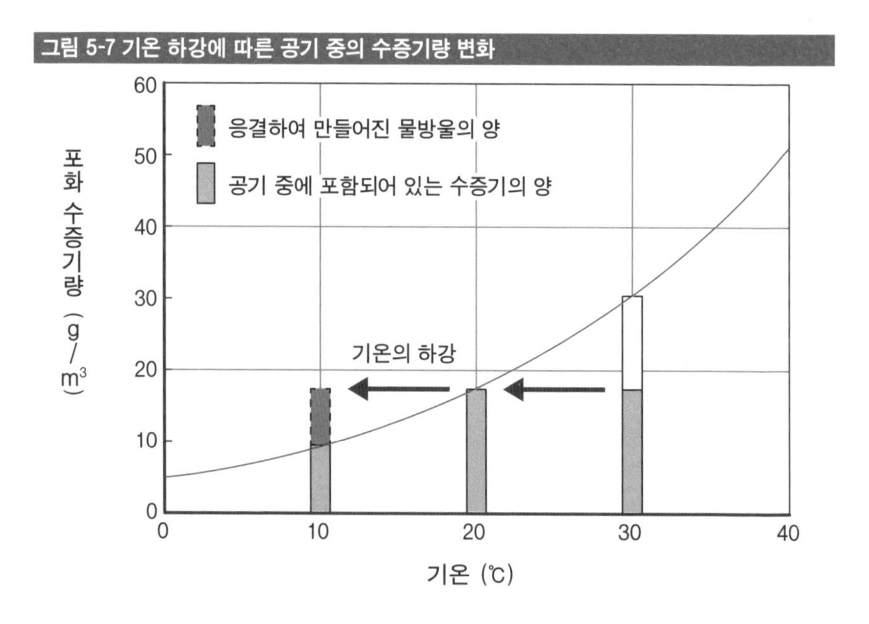


예를 들어, 기온이 30℃이고 수증기량이 17.3g/m³인 공기는 20℃일 때 포화 수증기량이 17.3g/m³이므로, 기온이 20℃까지 내려가면 공기 중의 수증기가 포화됩니다(그림 5-7). 기온이 더 내려가면 공기 중에 더 이상 포

함될 수 없는 수증기는 물방울로 응결됩니다. 따라서 이 공기의 이슬점은 20℃입니다.

기온이 10℃가 되면 10℃의 포화 수증기량은 9.4g/m³이므로

$$17.3 - 9.4 = 7.9\text{g/m}^3$$

의 수증기가 물방울이 됩니다. 또한 1g의 수증기가 응결하여 물로 상태가 변할 때 약 2,500J의 잠열이 방출되므로(그림 5-5), 이때 1m³의 공기 중에서는

$$2500 \times 7.9 = 1.975 \times 10^4 \fallingdotseq 2.0 \times 10^4\text{J}$$

의 잠열이 방출됩니다.

공기 중에 매우 작은 물방울이 떠다니고 있어 수평 시정이 1km 미만으로 낮아지는 현상을 **안개**라고 합니다. 시정이란 수평 방향의 대상물을 육안으로 분간할 수 있는 최대 거리를 말합니다. 특히 시정 거리가 육상에서 100m 이하, 해상에서 500m 이하인 상태는 **농무**(짙은 안개)라고 합니다.

일반적으로 안개는 새벽에 발생합니다. 밤에는 기온이 점점 떨어지기 때문에 해가 뜨기 전 새벽은 하루 중 가장 기온이 낮은 시간대가 됩니다. 수증기를 많이 포함한 공기가 밤사이 냉각되어, 새벽에 이슬점 이하로 기온이 떨어지면 공기 중에 더 이상 포함될 수 없는 수증기가 응결하여 작은 물방울들이 생깁니다. 이 물방울들이 지표 부근에 모여 **안개**가 되는 것입니다.

## 구름의 생성

바람이 산의 경사면을 따라 불어 올라가는 곳이나, 지표 부근의 공기가 가열되는 곳에서는 지표 부근의 공기 덩어리(풍선 속의 공기처럼 온도와

습도가 일정한 공기 덩어리)가 상승합니다.

고도가 높아질수록 기압이 낮아지기 때문에, 공기 덩어리는 상승하면서 팽창합니다(그림 5-8). 이때, 공기 덩어리는 주변 공기와 열을 주고받지 않고, 팽창하면서 에너지를 소비하기 때문에 온도가 내려가게 됩니다. 이와 같이 외부와의 열 출입 없이 부피나 온도가 변하는 현상을 **단열 변화**라고 합니다. 특히 주위와 열을 주고받지 않고 부피가 증가하는 것은 **단열 팽창**이라고 하고, 부피가 감소하는 것은 **단열 압축**이라고 합니다.

그림 5-8 구름의 생성

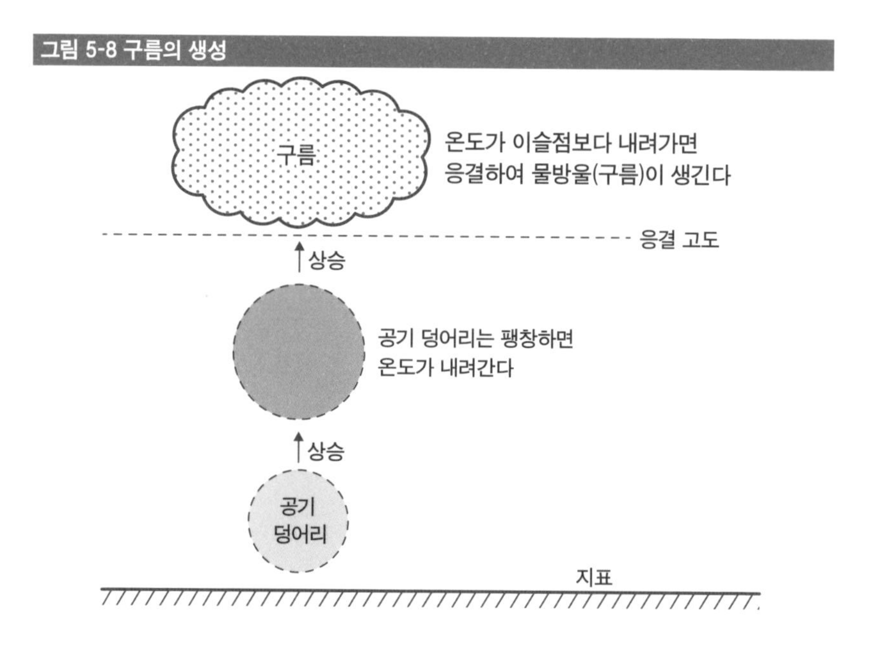


상승한 공기 덩어리의 온도가 이슬점보다 낮아지면(공기 덩어리의 수증기량이 포화 수증기량을 초과하면) 수증기의 일부가 응결하여 물방울이 생깁니다. 공기 덩어리가 상승할 때 수증기가 응결해 물방울이 맺히기 시작하는 고도(구름이 생기기 시작하는 고도)를 **응결 고도**라고 합니다(그림 5-8). 또한 이렇게 응결된 물방울 또는 빙정(얼음 알갱이)이 모여 상공에 떠 있는 것을 **구름**이라고 합니다. 구름과 안개는 공기 중의 수증기가 응결하여 생긴다는 점에서 근본적으로 같습니다. 둘을 구분할 수 있는 것은 위치인데, 물방울의 모임이 상공에 떠 있으면 구름이고, 지면에 접해 있다면 안개입니다.

## 구름의 종류

구름은 생성되는 고도와 모양에 따라 10가지로 분류합니다. 이것을 **10종 운형**이라고 합니다. 먼저 고도에 따른 분류로는 지표 부근~고도 약 2km에 나타나는 구름을 하층운, 고도 약 2~7km에 뜨는 구름을 중층운, 고도 약 5~13km에 나타나는 구름을 상층운이라고 합니다. 하층운에는 **층운**과 **층적운**이 있고, 중층운에는 **고적운, 고층운, 난층운**이 있습니다. 그리고 상층운에는 **권적운, 권층운, 권운**이 있습니다. 또한 하층에서 상층으로 걸쳐 수직으로 발달하는 **적운**과 **적란운**이 있습니다(그림 5-9).

**그림 5-9 대기 상층의 권운과 대기 하층의 적운**

구름의 이름에 쓰인 한자의 의미를 알면 구름이 어떤 모양인지 대략 추측할 수 있습니다. 구름의 모양을 알 수 있는 한자로 '층(層)'은 수평 방향으로 넓게 퍼져 층을 이루는 모양의 구름, '적(積)'은 수직으로 발달한 덩어리진 모양의 구름을 나타냅니다. 또 구름의 고도를 알 수 있는 한자로는, '고

(高)'는 중층의 구름, '권(卷)'은 상층의 구름을 나타냅니다. 또 '난(亂)'은 비를 내리게 하는 구름이라는 뜻이 있습니다. 예를 들어, 고적운은 중층에 생기는 둥근 덩어리 모양의 구름입니다. 또한 적란운은 수직으로 발달해 비를 내리게 하는 구름입니다.

## 건조 단열 감률과 습윤 단열 감률

수증기로 포화되지 않은 공기 덩어리가 단열적으로 (주변 공기와 열을 주고받지 않고) 100m 상승하면 공기 덩어리의 온도는 약 1.0℃ 낮아집니다. 이 온도 변화의 비율을 **건조 단열 감률**이라고 합니다. 반면, 수증기로 포화된 공기 덩어리가 단열적으로 100m 상승하면 공기 덩어리의 온도는 약 0.5℃ 낮아집니다. 이 온도 변화의 비율은 **습윤 단열 감률**이라고 합니다.

수증기로 포화된 공기 덩어리가 상승하면서 팽창하여 온도가 내려갑니다. 그러면 공기 덩어리의 수증기량이 포화 수증기량을 초과하므로 수증기의 일부가 응결하여 물방울로 변합니다. 이때 방출된 잠열이 공기 덩어리를 데우기 때문에 공기 덩어리가 상승했을 때 온도가 내려가는 비율은 낮아집니다(약 0.5℃/100m).

한편 수증기로 포화되지 않은 공기 덩어리에서는 잠열이 방출되지 않으므로 공기 덩어리가 상승했을 때 온도가 내려가는 비율은 커집니다(약 1.0℃/100m).

## 절대 안정 상태의 대기

대류권의 평균 기온 감률은 약 0.65℃/100m인데, 이 기온 감률은 장소에 따라 크게 달라집니다. 여기서 기온 감률이 0.3℃/100m인 대기 중에서 공기 덩어리가 상승하는 경우를 생각해 보겠습니다(그림 5-10). 어떤 높이에서 공기의 온도가 20℃라고 합시다. 수증기로 포화되지 않은 공기 덩어리와 포화된 공기 덩어리가 이 고도에서 100m 상승하면, 포화되지 않은 공기 덩어리는 건조 단열 감률에 따라 온도가 1.0℃ 내려가고 포화된 공기 덩어리는 습윤 단열 감률에 따라 온도가 0.5℃ 내려갑니다. 이때 주위의 기온은 19.7℃가 되지만, 포화되지 않은 공기 덩어리의 온도는 19.0℃, 포화된 공기 덩어리의 온도는 19.5℃가 됩니다.

일반적으로 기온이 낮을수록 공기의 밀도는 커집니다(무거워집니다). 즉 상승한 두 개의 공기 덩어리는 주위의 기온보다 온도가 내려가 밀도가 높아지면서 무거워집니다.

따라서 두 공기 덩어리는 하강하여 원래 위치(고도)로 돌아가려고 합니다. 이와 같이 상승한 공기 덩어리가 하강하여 원래의 위치로 돌아가려는 대기의 상태를 **절대 안정**이라고 합니다. 대기가 절대 안정 상태일 때 주위 공기의 기온 감률은 0.5℃/100m보다 작습니다.

**그림 5-10 절대 안정 상태의 대기**

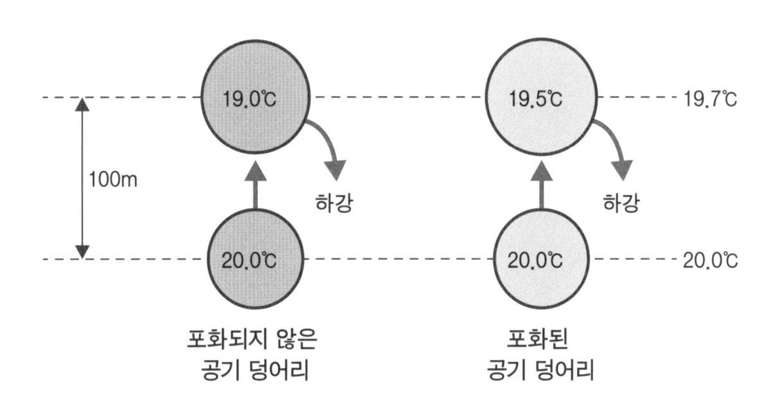

## 절대 불안정 상태의 대기

이번에는 기온 감률이 1.2℃/100m인 대기 중에서 공기 덩어리가 상승하는 경우를 생각해 보겠습니다(그림 5-11). 어떤 높이에서 공기의 온도가 20℃일 때, 공기 덩어리가 이 고도에서 100m 상승하면 주위의 기온은 18.8℃가 되며, 포화되지 않은 공기 덩어리의 온도는 19.0℃, 포화된 공기 덩어리의 온도는 19.5℃가 됩니다.

상승한 두 개의 공기 덩어리는 주위의 기온보다 온도가 올라가 밀도가 낮아집니다(가벼워집니다). 따라서 이 두 공기 덩어리는 계속 상승합니다. 이와 같이 상승한 공기 덩어리가 계속해서 상승을 이어가는 대기의 상태를 **절대 불안정**이라고 합니다. 대기가 절대 불안정 상태일 때 주위 공기의 기온 감률은 1.0℃/100m보다 큽니다.

그림 5-11 절대 불안정 상태의 대기

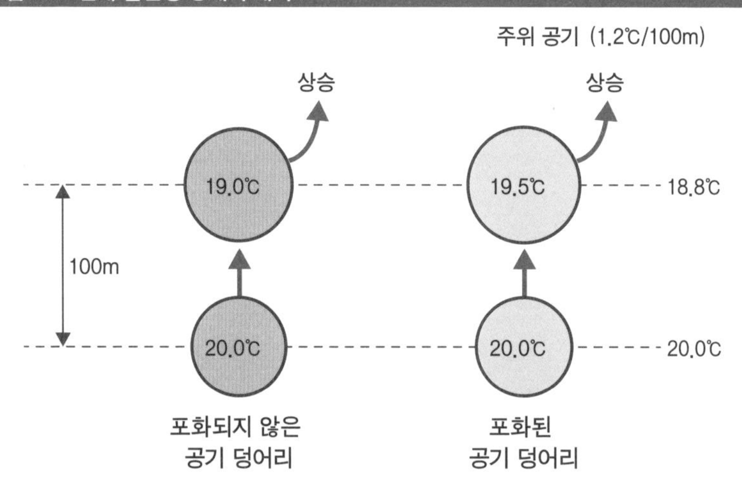


일기 예보를 보면 "대기 상태가 불안정해지면서 비가 내릴 전망입니다"라는 설명이 자주 등장합니다. 여기서 불안정이란 상승한 공기 덩어리가 계속 상승하려는 상태(절대 불안정)라는 의미입니다. 공기 덩어리가 계속 상승하면 구름이 발달할 수 있으므로 비가 올 가능성이 높아진다는 말입니다. 또한 일기 예보에서 "상공에 차가운 공기가 흘러들어 대기 상태가 불안정해집니다"라는 설명도 들어보았을 겁니다. 대기의 상태는 주위 공기의 기온 감률이 0.5℃/100m보다 작을 때는 절대 안정 상태가 되고(그림 5-10), 1.0℃/100m보다 클 때는 절대 불안정 상태가 됩니다(그림 5-11). 즉, 주위 공기의 기온 감률이 클 때 대기는 절대 불안정 상태가 됩니다.

상공에 차가운 공기가 들어오면 상공의 기온이 내려갑니다. 이때 대기의 하층과 상층의 기온 차이(기온 감률)가 커지므로 대기는 절대 불안정 상태가 됩니다.

여름철 오후에 갑자기 폭우가 쏟아질 때가 있습니다. 낮 동안 강한 햇빛에 지면이 데워지면 지표 부근의 기온이 올라갑니다. 이때 지표 부근과 상공의 기온 차이(기온 감률)가 커지기 때문에 대기가 절대 불안정 상태가 되는 것입니다.

여름에는 기온이 높아지기 때문에 포화 수증기량이 증가하여 공기 중에 많은 수증기를 포함할 수 있습니다. 대기가 절대 불안정 상태일 때 따뜻하고 습한 공기가 유입되면 상승 기류가 발생합니다. 이 상승 기류에 의해 적란운이 발달하여 소나기나 뇌우와 같은 거센 비가 내리게 되는 것입니다. 오전보다 오후에 지표 부근의 기온이 더 높기 때문에 오후에는 대기가 절대 불안정 상태가 되기 쉽습니다.

## 조건부 불안정 상태의 대기

이제 기온 감률이 0.7℃/100m인 대기 중에서 공기 덩어리가 상승하는 경우를 생각해 보겠습니다(그림5-12). 어떤 높이에서 공기의 온도가 20℃일 때, 공기 덩어리가 이 고도에서 100m 상승하면 주위의 기온은 19.3℃가 되며, 포화되지 않은 공기 덩어리의 온도는 19.0℃, 포화된 공기 덩어리의 온도는 19.5℃가 됩니다.

이때 포화되지 않은 공기 덩어리는 주위의 공기보다 온도가 내려가 밀도가 높아지므로(무거워지므로) 하강하여 원래의 위치로 돌아가려고 합니다. 한편 포화된 공기 덩어리는 주위의 공기보다 온도가 올라가 밀도가 낮아지므로(가벼워지므로) 계속해서 상승하려고 합니다. 즉, 이때의 대기는 포화되지 않은 공기 덩어리에 대해서는 안정하지만, 포화된 공기 덩어리에 대해서는 불안정합니다. 이러한 대기를 **조건부 불안정** 상태라고 합니다. 대기가 조건부 불안정 상태일 때 주위 공기의 기온 감률은 0.5~1.0℃/100m입니다.

그림 5-12 조건부 불안정 상태의 대기

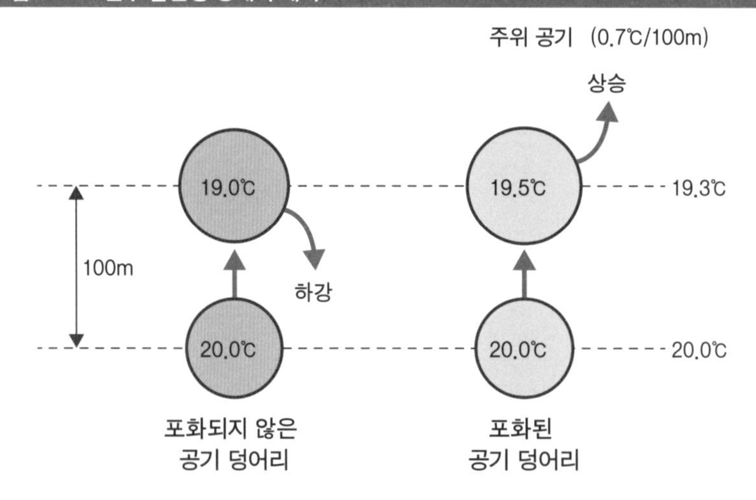


## 푄 현상

기온이 25℃인 공기 덩어리가 해발 2,000m의 산을 타고 넘는 경우를 생각해 봅시다(그림 5-13). 포화되지 않은 공기 덩어리는 건조 단열 감률에 따라 온도가 내려가므로 100m 상승하면 약 1.0℃ 낮아집니다. 지표에서 해발 1,000m 사이에서 구름이 생성되지 않았다면(수증기가 응결하지 않았다면)면 건조 단열 감률에 따라 온도가 내려가므로, 해발 1,000m에서 공기 덩어리의 온도는 지표보다 10℃ 낮은 15℃가 됩니다.

**그림 5-13 푄 현상**

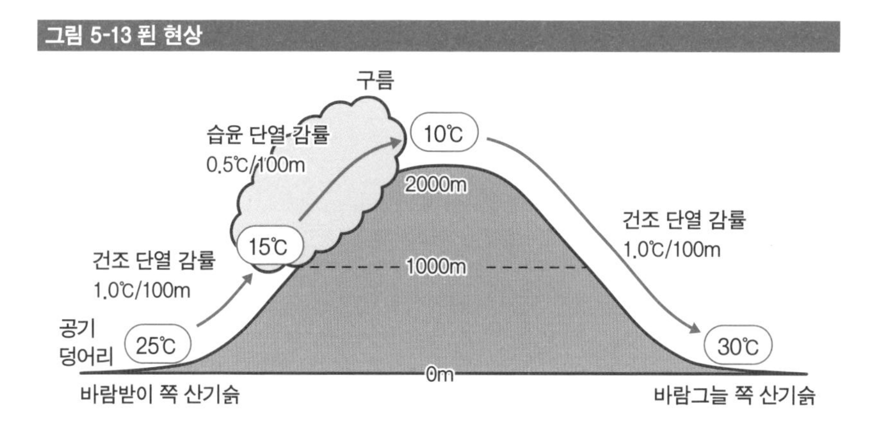


해발 1,000m에서 산 정상 사이에서 구름이 생성되었다면(수증기가 응결했다면) 방출된 잠열에 의해 공기 덩어리가 따뜻해지므로, 공기 덩어리의 온도는 습윤 단열 감률에 따라 내려갑니다. 해발 1,000m에서 해발 2,000m의 산 정상까지 상승한 공기 덩어리는 온도가 5℃ 내려가므로 해발 2,000m에서 공기 덩어리의 온도는 10℃가 됩니다.

이 공기 덩어리가 하강할 때 물의 증발이 발생하지 않는다면 건조 단열 감률에 따라 온도가 올라갑니다. 해발 2,000m의 산 정상에서 해발 0m의 산기슭으로 공기 덩어리가 내려오면, 공기 덩어리의 온도는 20℃ 올라가므로 산기슭에서의 기온은 30℃가 됩니다.

이와 같이 바람받이 쪽(바람이 불어오는 쪽) 사면에서 수증기가 응결하여 구름이 생성되고, 그 공기 덩어리가 바람그늘 쪽(바람이 불어가는 쪽) 산기슭으로 내려오면 공기 덩어리의 온도는 바람받이 쪽 산기슭에서의 온도보다 높아집니다. 또한 공기 덩어리가 바람받이 쪽 사면을 타고 올라갈 때 수증기가 응결하므로 공기 덩어리에 포함된 수증기량은 줄어듭니다. 그러므로 이 공기 덩어리가 내려오는 바람그늘 쪽 산기슭에서는 공기가 건조해집니다.

이처럼 공기 덩어리가 산을 넘을 때, 바람그늘 쪽 산기슭에서는 바람받이 쪽 산기슭보다  고온건조한 공기로 변하는 경우가 있습니다. 이러한 현상을 **푄 현상**이라고 합니다.

**그림 5-14 2010년 3월 12일 기상도**

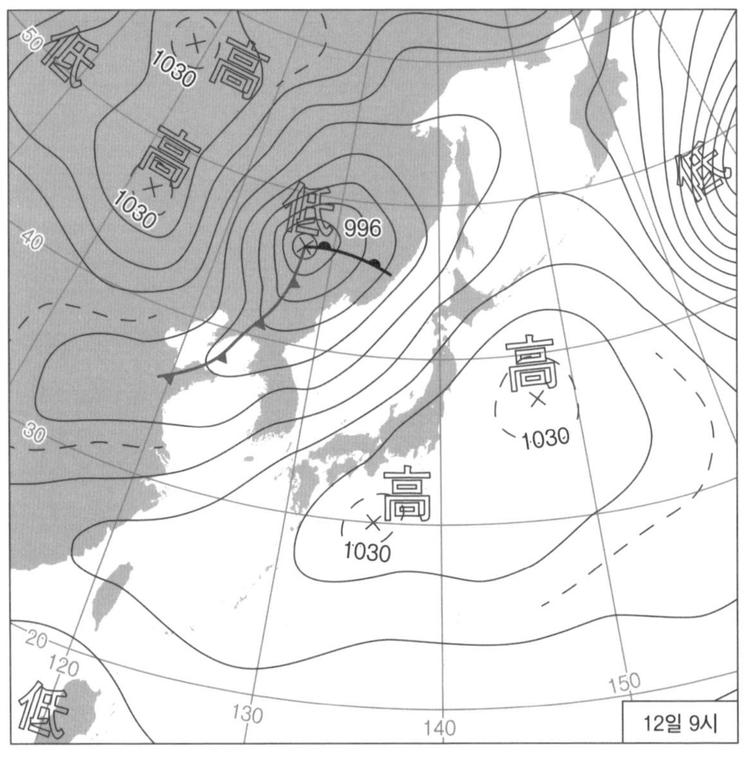


고(高)는 고기압, 저(低)는 저기압, 숫자는 고기압 또는 저기압의 중심 기압(hPa)을 나타낸다.
(일본 기상청)

일본 열도에는 등뼈처럼 일본 열도를 종단하며 동해 쪽과 태평양 쪽을 가르는 척량 산맥이 있는데, 공기 덩어리가 이 산맥을 넘는 경우가 많아 푄 현상이 자주 일어납니다. 태평양 쪽에 고기압, 동해 쪽에 저기압이 있으면 바람은 고기압에서 저기압을 향해 불기 때문에 태평양 쪽 지역이 바람받이 쪽, 동해 쪽 지역이 바람그늘 쪽이 됩니다(그림 5-14). 2010년 3월 12일에는 동해 쪽 지역에서 푄 현상이 일어나 3월 중순이었음에도 4월 중순 못지 않은 따뜻한 날씨를 보였습니다.

# 지구의 에너지 수지

## 태양 복사

태양에서 우주로 방출되는 전자기파를 **태양 복사**라고 합니다. 즉 태양은 적외선, 가시광선, 자외선, X선 등 다양한 파장을 가지는 전자기파의 형태로 복사 에너지를 방출합니다. 이 중에서 태양 복사 에너지의 세기가 가장 큰 영역은 가시광선입니다(그림 5-15).

**그림 5-15 파장별 태양 복사 에너지의 세기**

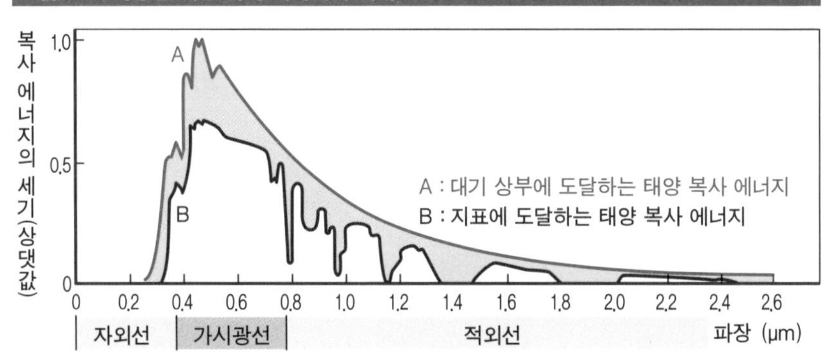


지구로 들어오는 태양 복사 에너지가 모두 지구에 흡수되는 것은 아닙니다. 지구로 들어온 태양 복사 에너지 중 약 30%는 대기나 지표에서 반사되어 지구에 흡수되지 않고 우주 공간으로 빠져나갑니다. 이때 태양 복사 에너지의 입사량에 대한 반사량의 비율을 **알베도**라고 합니다. 즉 지구의 알베도는 약 0.30이 됩니다.

또한 지구로 들어오는 태양 복사 에너지 중 약 20%는 대기에 흡수되고, 약 50%는 지표에 흡수됩니다. 태양 복사 에너지가 대기에 흡수되는 것은 태양에서 오는 자외선은 대부분 대기 중의 산소나 오존에 흡수되고, 적외선 중 일부가 대기 중의 수증기나 이산화탄소에 흡수되기 때문입니다. 이처럼 태양 복사 에너지는 대기에 반사되거나 흡수되기 때문에 지표에 도달하는 태양 복사 에너지는 대기 상부에 도달하는 태양 복사 에너지보다 작습니다(그림 5-15).

## 지구가 흡수하는 태양 복사 에너지

지구의 대기 상부에서 태양 복사에 수직인 $1m^2$ 면적이 1초 동안 받는 태양 복사 에너지를 **태양 상수**라고 합니다. 태양 상수는 인공위성 등 지구 대기권 밖에서 측정되며, 값은 약 $1,370W/m^2$입니다. 1W는 1초 동안 1J의 에너지가 공급된다는 의미입니다. 즉, 1W=1J/s가 됩니다.

여기서 태양 상수를 이용해 지구 전체가 1초 동안 받는 태양 복사 에너지를 계산해 보겠습니다. 지구는 둥근 구형이기 때문에 지구의 표면에 도달하는 태양 복사 에너지를 계산하기는 쉽지 않습니다. 그러므로 지구와 반지름이 같고 태양 복사에 수직인 원반이 지구 상공에 있다고 가정하겠습니다(그림 5-16). 이 원반을 통과한 태양 복사가 지구의 표면에 도달하기 때문에 지구에 들어오는 태양 복사 에너지는 원반을 통과한 에너지라고 할 수 있습니다.

원반을 통과하는 에너지는 태양 상수에 원반의 넓이를 곱해 구할 수 있습니다. 지구의 반지름을 R, 태양 상수를 S, 원주율을 π라고 하면 $\pi R^2 S$가 됩니다(반지름이 R인 원의 넓이는 $\pi R^2$). 또 지구에 들어오는 에너지 중 일부는 대기나 지표에서 반사되기 때문에 지구의 알베도를 A라고 할 때 지

구가 1초 동안 흡수하는 태양 복사 에너지는

$$\pi R^2 S(1-A)$$

가 됩니다.

그림 5-16 지구에 들어오는 태양 복사

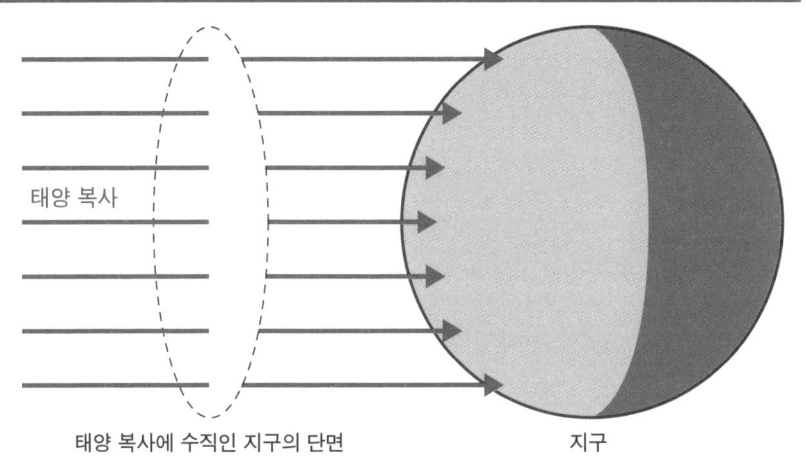


## 지구 복사

지구는 태양 복사 에너지를 흡수할 뿐만 아니라, 우주 공간으로 에너지를 방출하기도 합니다. 지구의 온도가 거의 일정하게 유지되는 이유는 지구가 흡수하는 태양 복사 에너지와 같은 양의 에너지를 우주 공간으로 방출하기 때문입니다.

태양은 가시광선이나 적외선 등으로 복사 에너지를 방출하며, 지표나 대기는 주로 적외선의 형태로 에너지를 우주 공간에 방출합니다. 지구가 우주 공간으로 방출하는 전자기파를 **지구 복사** 또는 **적외선 복사**라고 합니다.

## 복사 평형 온도

천체의 표면 온도는 절대 온도로 나타낼 수 있습니다. 절대 온도의 단위는 K(켈빈)을 사용합니다. 절대 온도를 T[K], 우리가 일상에서 주로 사용하는 섭씨온도를 t[℃]라고 할 때,

$$T = t + 273.15$$

의 관계가 있습니다. 예를 들어, 15℃를 절대 온도로 나타내면 약 288K가 됩니다.

일반적으로 천체의 표면 온도가 높을수록 천체의 단위 면적($1m^2$)에서 방출하는 에너지는 커집니다. 지구(천체)의 표면 온도를 T[K]라고 할 때, $1m^2$ 면적에서 1초 동안 방출하는 에너지 E[W]는

$$E = \sigma T^4$$

로 나타낼 수 있습니다. 이것을 **슈테판 볼츠만의 법칙**이라고 합니다. σ는 슈테판 볼츠만 상수라고 부르며, 그 값은

$$\sigma = 5.67 \times 10^{-8} W/(m^2 \cdot K^4)$$

입니다.

지구의 반지름을 R이라고 할 때 표면적은 $4\pi R^2$이 되므로(반지름이 R인 구의 표면적은 $4\pi R^2$), 지구 전체에서 1초 동안 방출되는 에너지는

$$4\pi R^2 \times \sigma T^4 = 4\pi\sigma R^2 T^4$$

이 됩니다.

한편, 지구가 1초 동안 흡수하는 태양 복사 에너지는

$$\pi R^2 S(1 - A)$$

로 나타낼 수 있습니다.

지구가 흡수하는 태양 복사 에너지와 지구가 우주로 방출하는 지구 복사 에너지가 서로 균형을 이뤄 온도가 일정하게 유지되는 상태를 지구의 복사 평형이라고 합니다. 또 이러한 균형점을 이루는 지구의 표면 온도를 **복사 평형 온도**라고 합니다. 이때

$$\pi R^2 S(1-A) = 4\pi\sigma R^2 T^4$$

이 성립합니다. 태양 상수 S를 1,370W/m², 지구의 알베도 *A*를 0.30으로 두고 식을 풀면

$$T^4 = \frac{S(1-A)}{4\sigma} = \frac{1370\times(1-0.30)}{4\times5.67\times10^{-8}} \fallingdotseq 4.23\times10^9$$

이 됩니다. 따라서 T ≒ 255K(약 -18℃) 입니다. 실제 지구 표면의 평균 온도는 약 288K(약 15℃)이므로 복사 평형 온도보다 약 33K 높습니다.

## 온실 효과

지표에서 방출되는 적외선은 대부분 대기 중의 수증기나 이산화탄소에 흡수됩니다. 이때 지표에서 방출된 대부분의 에너지가 대기에 흡수되는 것입니다. 에너지를 흡수하여 데워진 대기는 위아래 모든 방향으로 적외선을 방출합니다. 그중 아래쪽으로 방출된 적외선은 지표에 흡수됩니다. 즉, 지표가 우주로 방출하려는 에너지 중 일부가 지표로 되돌아가는 것입니다. 이처럼 지표에서 방출된 적외선을 대기가 흡수하고, 그 에너지의 일부가 적외선 형태로 지표로 되돌아와 지표 부근을 따뜻하게 만드는 작용을 **온실효과**라고 합니다(그림 5-17). 또한 지표에서 방출되는 적외선을 흡수하는 수증기, 이산화탄소, 메탄, 아산화질소, 오존 등을 **온실가스**라고 합니다.

지구에 대기가 없다면 지구의 표면 온도는 약 -18℃(복사 평형 온도)가 될 것입니다. 그러나 대기의 온실 효과로 지표 부근에 에너지가 축적되어 실제 지구 표면의 평균 온도(약 15℃)는 복사 평형 온도보다 높아집니다.

그림 5-17 온실 효과의 원리

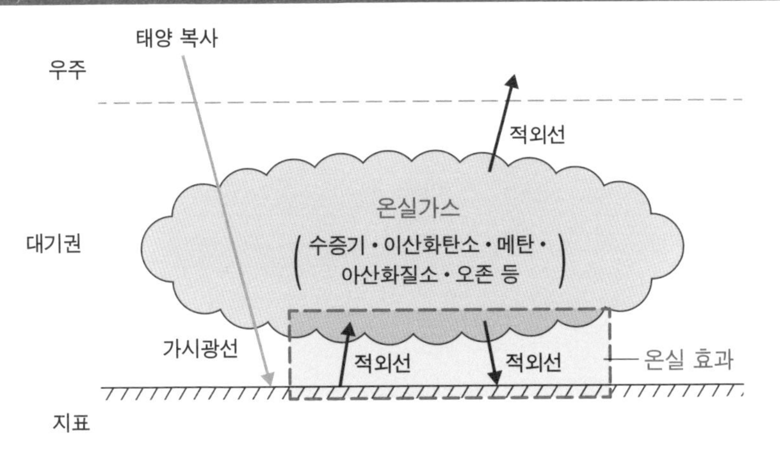


## 복사 냉각

밤이 되면 지표에 흡수되는 태양 복사 에너지가 거의 없고, 지표에서는 적외선의 형태로 에너지가 방출되므로 지표의 온도가 낮아집니다. 이러한 현상을 **복사 냉각**이라고 합니다.

상공에 구름이나 수증기가 많을 때는 지표에서 방출되는 적외선이 구름에 의해 산란되거나 수증기에 의한 온실 효과가 강해지므로 지표의 온도가 내려가는 속도가 느려집니다. 한편 맑을 때는 지표에서 방출되는 적외선이 우주로 방출되기 쉬워져 복사 냉각이 활발하게 일어납니다(그림 5-18). 특히 겨울철 태평양 쪽 지역에서는 밤의 길이가 길고 상공에 구름이나 수증기가 적기 때문에 새벽에 지표의 온도가 크게 떨어지는 경우가 많습니다.

그림 5-18 복사 냉각

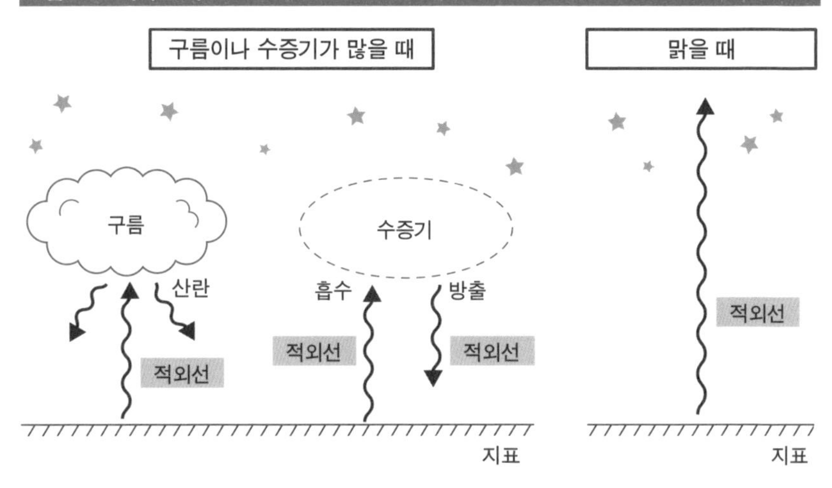


## 금성의 대기

태양계의 8개 행성 가운데 수성, 금성, 지구, 화성은 **지구형 행성**이라고 부르는데, 이들 행성의 표면은 지구처럼 암석으로 이루어져 있습니다. 한편 목성, 토성, 천왕성, 해왕성은 목성형 행성이라고 부르며, 그 표면은 가스로 덮여 있습니다. 수성에는 대기가 거의 없고, 금성과 화성에는 지구와 마찬가지로 (암석으로 된) 표면을 대기가 둘러싸고 있습니다. 여기서 지구에서 가까운 행성의 대기를 비교해 봅시다.

금성이 흡수하는 태양 복사 에너지와 우주로 방출하는 에너지로부터 금성의 복사 평형 온도를 계산하면 약 -49℃가 됩니다. 지구의 복사 평형 온도는 약 -18℃이므로, 복사 평형 온도는 태양에서 가까운 금성이 지구보다 더 낮습니다. 일반적으로 태양에서 가까운 행성이 태양으로부터 받는 복사 에너지가 강할 것으로 생각되지만, 금성 상공의 황산으로 이뤄진 두꺼운 구름에 의해 태양광이 우주로 반사되기 때문에 금성이 흡수하는 태양 복사 에너지는 지구가 흡수하는 태양 복사 에너지보다 적습니다.

실제 지표의 평균 온도를 보면 금성은 약 460℃, 지구는 약 15℃입니다.

두 행성 모두 지표의 온도가 복사 평형 온도보다 높은데, 이러한 현상이 나타나는 이유는 대기의 온실 효과 때문입니다. 금성의 기압(단위 면적당 대기의 무게)은 지구의 약 90배이며, 대기의 약 95%가 이산화탄소로 구성되어 있습니다. 즉 금성에서는 지구보다 온실 효과가 더 강하게 작용하고 있습니다.

태양과 가장 가까운 행성인 수성의 경우, 지표의 온도가 가장 높을 때도 약 430℃입니다. 수성에는 대기가 거의 없어 온실 효과가 없지만, 금성에서는 온실 효과가 강하게 작용하기 때문에 금성의 지표 온도가 태양계 행성 가운데 가장 높은 것입니다.

## 화성의 대기

화성은 지구보다 태양에서 더 멀리 떨어져 있기 때문에 화성이 흡수하는 태양 복사 에너지는 지구가 흡수하는 태양 복사 에너지보다 적습니다. 화성의 복사 평형 온도는 약 -63℃로 지구의 복사 평형 온도(약 -18℃)보다 낮습니다.

화성은 금성과 마찬가지로 대기의 약 95%가 온실가스인 이산화탄소로 구성되어 있기 때문에 온실 효과가 강하게 작용할 것으로 생각됩니다. 그런데 금성의 경우 지표의 평균 온도가 약 460℃인 데 비해 화성의 지표 온도는 대개 영하이고 높을 때도 약 20℃입니다. 즉 화성에서는 온실 효과가 거의 작용하지 않는 것입니다.

이렇게 온도가 낮은 이유는 화성의 대기가 희박하기 때문입니다. 금성의 기압은 지구의 약 90배이지만 화성의 기압은 지구의 약 0.006배에 불과합니다. 화성은 지구나 금성보다 크기와 질량이 작기 때문에 대기를 끌어당기는 중력이 작고, 따라서 대기의 양도 적은 것입니다.

이처럼 비록 대기가 있는 행성이라도 지구와는 환경이 크게 다릅니다.

태양계에는 지구와 비슷한 대기를 지닌 행성이 존재하지 않으며, 지구 외에는 인류가 생존할 수 있는 곳은 발견되지 않았습니다.

# 제 6 장

# 대기의 운동

# 대기에 작용하는 힘

## 기압 경도력

기압이 높은 곳(고압부)과 낮은 곳(저압부) 사이에 있는 공기 덩어리에는 기압이 높은 쪽에서 낮은 쪽으로 힘이 작용합니다. 이처럼 기압(압력) 차이에 의해 생기는 힘을 **기압 경도력(압력 경도력)**이라고 합니다(그림 6-1).

거리에 대한 압력의 변화가 클수록 기압 경도력은 커집니다. 따라서 기압 경도력은 두 지점 사이의 거리에 반비례하고, 기압 차이에 비례하기 때문에 일기도에서 등압선의 간격이 좁을수록 커집니다. 기압 경도력에 의해 공기 덩어리가 움직이므로 일반적으로 기압 경도력이 큰(등압선 간격이 좁은) 곳에서 풍속이 커집니다.

그림 6-1 기압 경도력(압력 경도력)

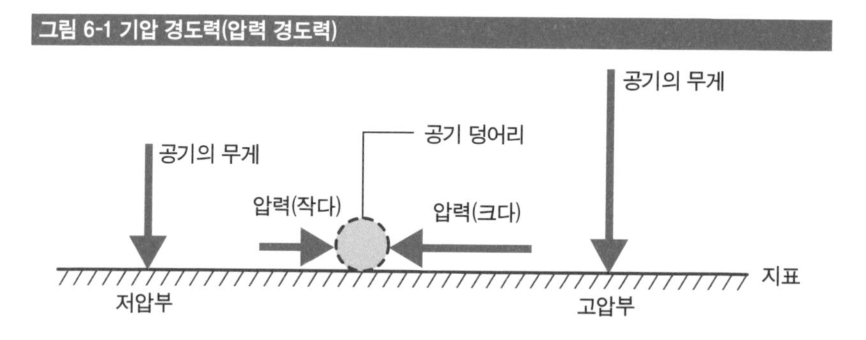


## 전향력

지구 위에서 운동하는 물체에는 지구 자전의 영향으로 나타나는 겉보기 힘이 작용합니다. 겉보기 힘은 실제로 물체에 힘이 작용하지 않더라도 지구에서 관찰하는 사람이 볼 때는 힘이 작용하는 것처럼 보이는 힘을 말합니다.

예를 들어, 북극에서 적도 위의 특정 지점을 향해 똑바로 미사일을 발사하면 지구가 서쪽에서 동쪽으로 자전하고 있으므로, 이 미사일은 적도 위의 특정 지점에 명중하지 못합니다(그림 6-2). 실제로 미사일은 똑바로 날아가고 있으며, 이 미사일에 진행 방향을 바꾸는 힘이 작용하지는 않지만, 북극에 있는 사람이 볼 때는 미사일이 진행 방향의 오른쪽으로 휘어 날아가는 것처럼 보입니다. 즉 북극에 있는 사람에게는 진행 방향을 오른쪽으로 휘게 하는 힘이 미사일에 작용한 것처럼 보입니다. 이 힘이 겉보기 힘입니다. 특히 자전하는 지구 위에서 운동하는 물체에 힘이 작용하는 것처럼 보이는 겉보기 힘을 **전향력**이라고 합니다. 전향력은 프랑스의 물리학자 코리올리(1792~1843년)가 발견했기 때문에 그의 이름을 따서 **코리올리의 힘**이라고 부르기도 합니다.

**그림 6-2 전향력(코리올리의 힘)**

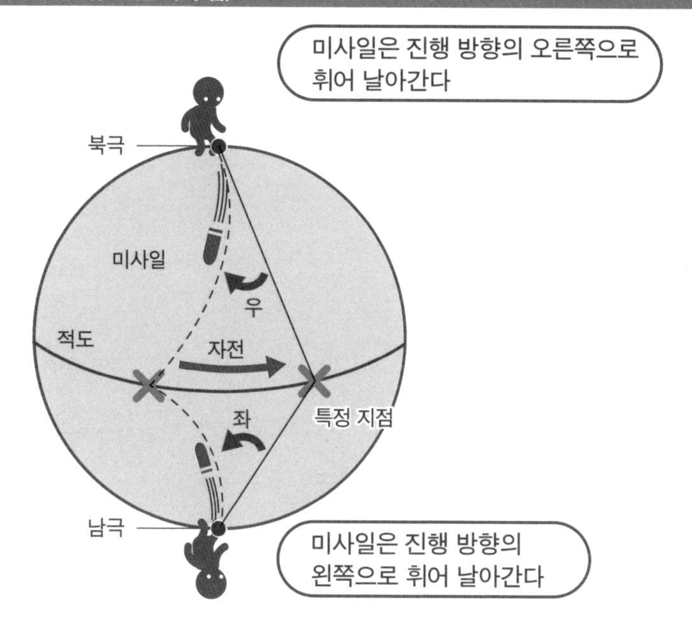

남반구에서도 마찬가지로 남극에서 적도 위의 특정 지점을 향해 미사일을 발사하면 남극에 있는 사람에게는 진행 방향을 왼쪽으로 휘게 하는 힘이 미사일에 작용한 것처럼 보입니다. 이처럼 남반구에서는 전향력의 방향이 북반구와는 반대입니다. 북반구에서는 물체의 운동 방향의 오른쪽 직각 방향으로, 남반구에서는 물체의 운동 방향의 왼쪽 직각 방향으로 작용합니다.

미사일뿐만 아니라 지구상의 바람에도 전향력이 작용합니다. 전향력의 크기는 풍속이 같으면 위도가 높을수록 커지고 적도에서는 작용하지 않습니다. 또한 같은 위도에서는 풍속이 빠를수록 전향력은 커집니다.

# 대기의 대순환

## 저위도의 바람

적도 부근에서는 따뜻하고 습한 공기가 위로 상승하여 기압이 낮아집니다. 이 지대를 **열대 수렴대**라고 합니다. 열대 수렴대에서 대류권의 상층까지 상승한 공기는 고위도로 이동합니다. 이때 북반구에서는 바람이 부는 방향의 오른쪽, 남반구에서는 왼쪽으로 전향력이 작용하므로 상공에서는 서쪽에서 동쪽으로 부는 바람(서풍)이 됩니다(그림 6-3). 이 바람은 위도 30° 부근에서 하강 기류가 되므로 지표에서는 기압이 높은 영역이 형성됩니다. 이 지대를 **아열대 고압대**라고 합니다.

**그림 6-3 저위도 상공의 바람**

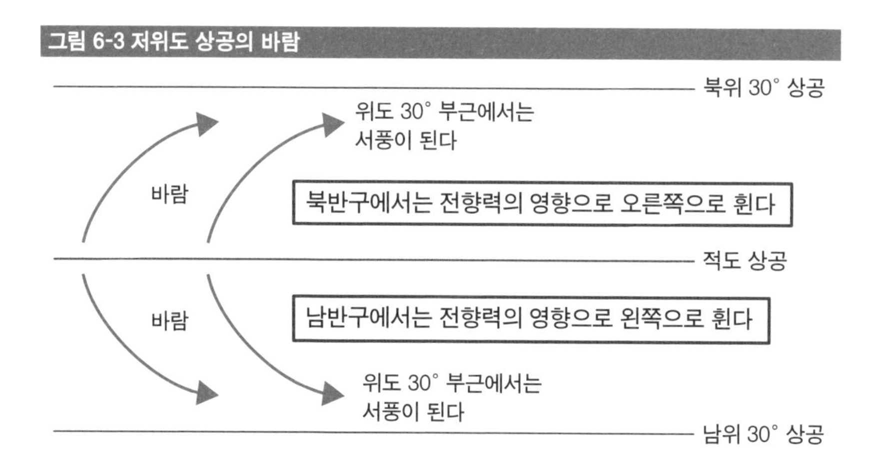


지표 부근에서는 기압이 높은 아열대 고압대에서 기압이 낮은 열대 수렴대로 기압 경도력이 작용하는데, 지표 부근의 바람에는 전향력도 작용합

니다. 따라서 지표 부근에서는 동쪽에서 서쪽으로 부는 바람(동풍)이 됩니다(그림 6-4). 이 바람을 **무역풍**이라고 합니다. 무역풍이라는 이름은 15~17세기 대항해 시대에 유럽의 상선들이 이 바람을 이용해 대서양을 횡단한 데서 유래되었습니다.

무역풍은 북반구에서는 북동에서 남서 방향으로 불고, 남반구에서는 남동에서 북서 방향으로 불기 때문에 북반구에서는 **북동 무역풍**, 남반구에서는 **남동 무역풍**이라고 부르기도 합니다. 즉, 북쪽에서 불어오는 바람을 북풍이라고 하듯이 북동 무역풍은 북동쪽에서 불어오는 바람이 됩니다. **풍향**은 바람이 불어오는 방향을 말하는데, 종종 바람이 불어 나가는 방향으로 오해하는 경우가 있습니다.

그림 6-4 저위도 지표 부근의 바람

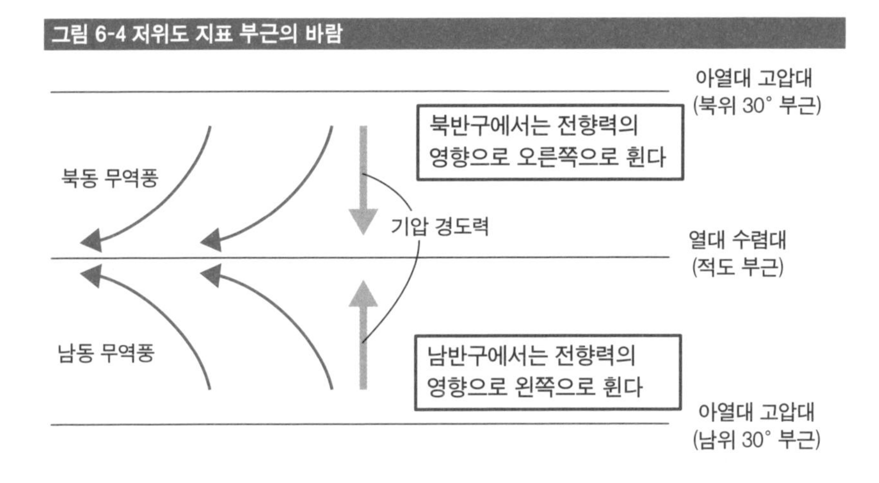


열대 수렴대로 불어 들어간 무역풍은 상승 기류가 되므로, 적도 부근에서는 구름이 발달하여 강수량이 많아집니다. 반면 아열대 고압대에서는 하강 기류가 발달하여 구름이 잘 생성되지 않고, 따라서 강수량이 적어 지상에는 사막이 넓게 펼쳐진 곳도 있습니다.

저위도 대류권에서의 열대 수렴대에서 상승하여 아열대 고압대에서 하강하는 공기의 대류 운동을 **해들리 순환**이라고 합니다.

## 중위도의 바람

중위도(30°~60° 부근) 상공에서는 북반구와 남반구 모두 저위도는 기압이 높고 고위도는 상대적으로 기압이 낮으므로, 공기에 작용하는 기압 경도력은 고위도 쪽으로 향합니다(그림 6-5). 또한 움직이는 공기에는 전향력이 작용하므로, 상공의 바람은 기압 경도력과 전향력이 균형을 이루며 붑니다. 이러한 바람을 **지균풍**이라고 합니다.

그림 6-5 중위도 상공의 지균풍

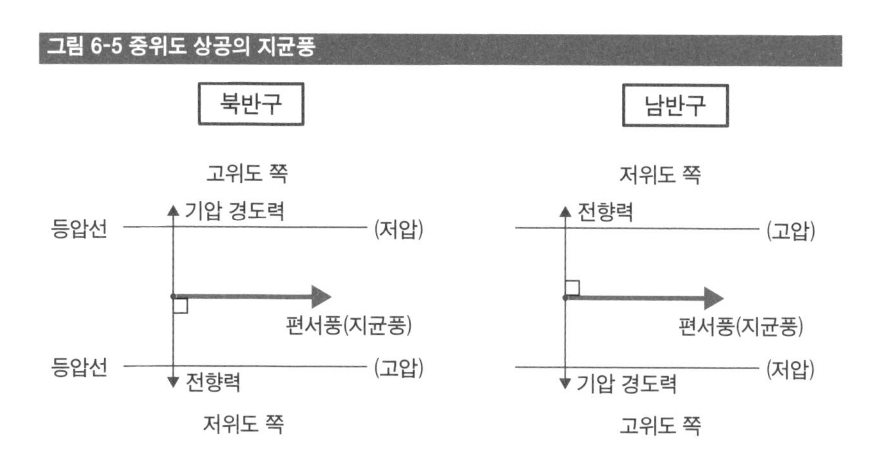


북반구에서는 전향력이 북쪽으로 향하는 기압 경도력과 균형을 이루어 바람의 진행 방향의 오른쪽 직각 방향으로 작용하므로 바람은 서쪽에서 동쪽으로 붑니다. 반면 남반구에서는 전향력이 남쪽으로 향하는 기압 경도력과 균형을 이루면서 바람의 진행 방향의 왼쪽 직각 방향으로 작용하므로 바람은 서쪽에서 동쪽으로 붑니다. 이처럼 북반구와 남반구 둘 다 중위도 대류권에서 주로 서쪽에서 동쪽으로 바람이 붑니다. 이러한 바람을 **편서풍**이라고 합니다.

편서풍은 대류권의 상층으로 올라갈수록 바람이 강해지며 대류권 계면(대류권 상부) 부근에서 가장 강하게 붑니다. 이 바람을 **제트기류**라고 합니다. 제트기류는 풍속이 100m/s를 넘어설 때도 있습니다.

대류권 계면 부근은 항공기가 안전하게 날아가는 고도(순항고도)이기도 합니다. 항공기를 이용해 동쪽의 하네다에서 서쪽의 후쿠오카로 향할 때는 편서풍과 반대 방향으로 비행하기 때문에 약 1시간 55분이 걸리는데, 반대로 후쿠오카에서 하네다로 향할 때는 편서풍과 같은 방향으로 비행하기 때문에 약 1시간 40분이면 도착합니다. 이처럼 편서풍이나 제트기류는 항공기 운항에 큰 영향을 미칩니다.

또한 편서풍은 저위도의 따뜻한 공기와 고위도의 따뜻한 공기 사이를 남북으로 파동의 성질을 가지며 사행(蛇行)합니다(그림 6-6). 이것을 편서풍 파동이라고 합니다. 편서풍 파동에 의해 저위도의 따뜻한 공기는 고위도 쪽으로, 고위도의 차가운 공기는 저위도 쪽으로 운반되므로 편서풍은 많은 양의 열을 남북으로 수송하고 있습니다. 즉 편서풍 파동은 저위도와 고위도의 온도 차이를 줄이는 역할을 합니다.

**그림 6-6 북반구에서 편서풍의 파동**

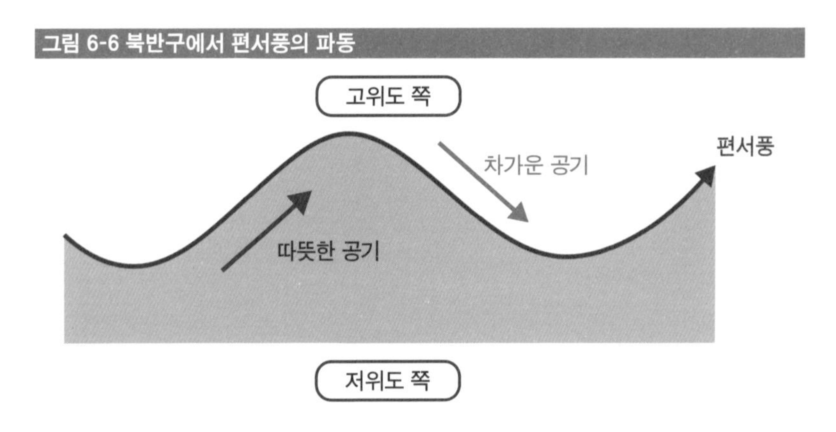


## 고위도의 바람

극지방에서는 공기가 차갑고 밀도가 높기 때문에 하강 기류가 발달하여 기압이 높은 영역이 형성됩니다. 이와 같이 북극과 남극 부근의 기압이 높은 영역을 **극고압대**라고 합니다.

고위도 지역의 지표 부근에서는 극고압대에서 불어 나오는 바람이 전향력의 영향으로 휘어지기 때문에 북반구에서든 남반구에서든 동쪽에서 서쪽으로 바람이 붑니다. 이 바람을 **극편동풍**이라고 합니다. 이처럼 무역풍, 편서풍, 극편동풍 같은 대규모의 바람은 전향력의 영향을 무시할 수 없습니다.

## 대기의 대순환과 해류

지구 전체 규모로 일어나는 대기의 흐름을 **대기의 대순환**이라고 합니다(그림 6-7). 저위도의 대기가 가열되면 밀도가 낮아져 상승하고, 고위도의 대기가 냉각되면 밀도가 높아져 하강하므로 대기의 대순환은 저위도와 고위도의 온도 차이에 의해 발생합니다. 또한 대기에 기압 경도력과 전향력이 작용하여 무역풍이나 편서풍 같은 바람이 불게 됩니다. 무역풍이나 편서풍 등이 해상에서 불면 해수의 흐름이 만들어집니다.

**그림 6-7 대기의 대순환**

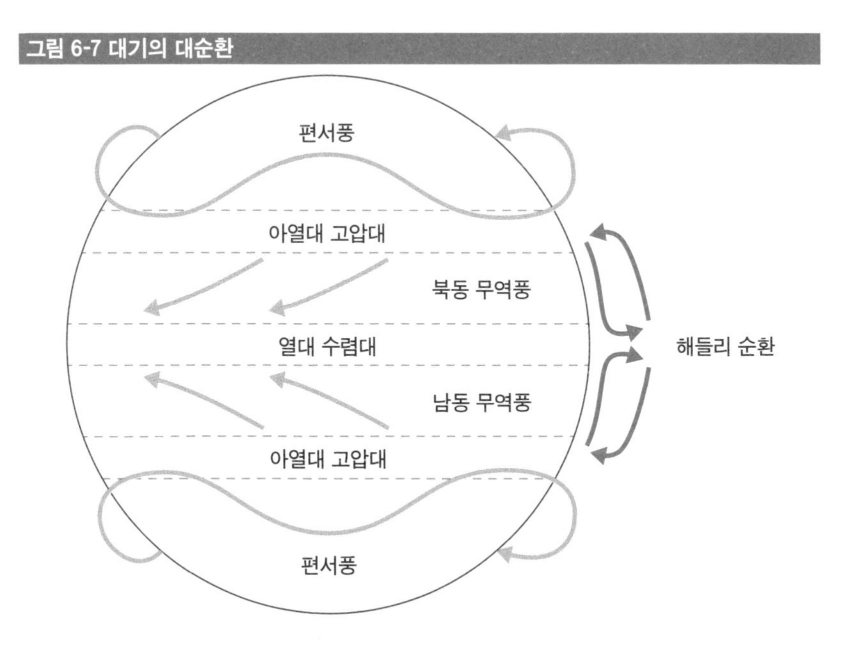


해양 표층에서 거의 일정한 방향으로 흐르는 해수의 흐름을 해류라고

합니다. 해류는 해상에서 부는 바람에 의해 형성되며, 무역풍이 우세한 저위도에서는 동쪽에서 서쪽으로, 편서풍이 우세한 중위도에서는 서쪽에서 동쪽으로 흐릅니다. 또한 북반구의 해수의 흐름에는 진행 방향의 오른쪽으로 전향력이 작용하고, 남반구의 해수의 흐름에는 진행 방향의 왼쪽으로 전향력이 작용하므로 무역풍대와 편서풍대 사이(아열대)에서는 북반구의 경우 시계 방향으로, 남반구의 경우 반시계 방향으로 해수의 표층 순환이 형성됩니다(그림 6-8). 아열대에 형성되는 이러한 해수의 표층 순환을 **아열대 환류**라고 합니다.

그림 6-8 태평양의 아열대 환류

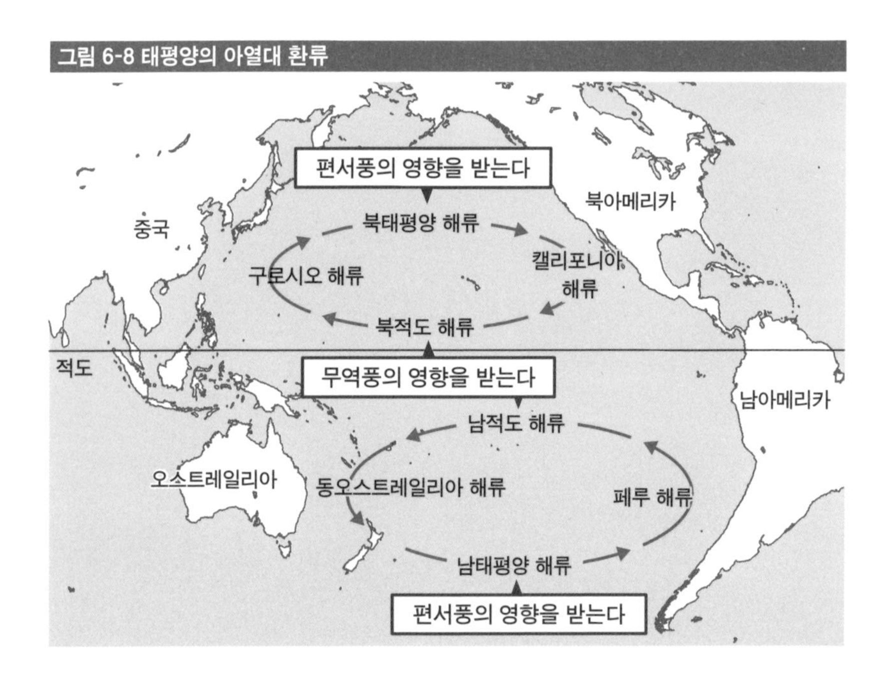


북태평양 아열대 환류는 **북적도 해류, 구로시오 해류, 북태평양 해류, 캘리포니아 해류** 등으로 이루어져 있습니다. 이 중에서 구로시오 해류는 다른 해류보다 유속이 빠릅니다. 대서양과 인도양에서도 아열대 환류는 서쪽에서 강한 흐름을 보입니다. 이러한 현상을 **서안 강화**라고 합니다. 북태평양의 구로시오 해류나 북대서양의 멕시코 만류는 아열대 환류의 서안 경계류이며, 세계의 양대 해류라고 불리기도 합니다.

홋카이도와 도호쿠 지방의 태평양 쪽에는 쿠릴 열도에서 남하한 **쿠릴 해류**가 흘러들어옵니다. 쿠릴 해류의 유속은 0.3~0.5m/s 정도이며, 구로시오 해류의 유속은 1.5~2.5m/s 정도입니다.

동일본의 태평양 쪽에는 구로시오 해류와 쿠릴 해류가 만나는 해역이 있어 바다 색깔의 차이를 확인할 수도 있습니다. 구로시오는 짙은 청색을 띠며, 쿠릴 해류보다 색이 더 짙기 때문에 '구로시오(黒潮, 검은 해류)'라는 이름이 붙은 것으로 여겨집니다.

한편, 쿠릴 해류에는 질산염이나 인산염과 같은 영양염이 풍부하게 포함되어 있습니다. 이러한 영양염 덕분에 플랑크톤이 성장하고, 이를 먹이로 삼는 어류가 자라나기 때문에 '쿠릴 해류(쿠릴 해류는 일본어로 어버이 해류라는 뜻)'라는 이름이 붙은 것으로 생각됩니다.

바다에서 식물성 플랑크톤이 성장하려면 영양염을 흡수해야 합니다. 수온이 높고 영양염의 농도가 높을수록 식물성 플랑크톤이 영양염을 흡수하는 속도가 빨라집니다.

수온이 높은 구로시오 해류와 영양염의 농도가 높은 쿠릴 해류가 만나는 해역에서는 영양염을 흡수한 식물 플랑크톤이 대량으로 발생합니다. 그러면 식물 플랑크톤을 잡아먹는 동물 플랑크톤이 크게 늘어나고, 또 이를 먹기 위해 어류가 모여들면서 좋은 어장이 형성됩니다.

또한 이 해역에서는 구로시오 해류의 상공을 통과할 때 데워진 따뜻하고 습한 공기가 쿠릴 해류의 상공으로 흘러들어 차가워지기 때문에 공기 중에 더 이상 포함될 수 없는 수증기가 응결하여 안개가 발생하기 쉽습니다. 이러한 해상에서 발생하는 안개를 **해무**라고 합니다. 해무는 바람을 타고 육지로 이동하기도 합니다. 안개의 도시라고 불리는 홋카이도의 구시로시에서는 여름이면 해무가 흘러 들어와 안개가 자주 발생합니다.

# 고기압과 저기압

## 고기압과 저기압의 바람

주위보다 상대적으로 기압이 높은 곳을 **고기압**이라고 합니다. 고기압의 중심 부근에서는 **하강 기류**가 발달하기 때문에 구름이 잘 생성되지 않으므로 대체로 날씨가 맑습니다. 반대로 주위보다 기압이 낮은 곳을 **저기압**이라고 합니다. 저기압의 중심 부근에서는 **상승 기류**가 발달하기 때문에 구름이 생성되기 쉽고 비가 내리는 경우가 많습니다. 일기도에서 고기압이나 저기압의 중심 부근에서는 등압선이 둥글게 닫혀 있습니다.

고기압에서는 기압이 높은 중심부에서 바깥 방향으로 기압 경도력이 작용합니다. 지구가 자전하지 않는다면(즉, 다른 영향이 없다면), 기압 경도력이 작용하는 방향으로 바람이 불게 되므로, 고기압 주변에서는 고기압의 중심에서 바깥쪽을 향해 등압선에 직각인 방향으로 바람이 붑니다.

저기압에서는 기압이 높은 바깥에서 낮은 중심부 쪽으로 기압 경도력이 작용합니다. 지구가 자전하지 않는다면, 저기압 주변에서는 저기압의 중심을 향해 등압선에 직각인 방향으로 바람이 붑니다.

## 고기압과 저기압에서의 전향력의 영향

실제 지구상의 바람에는 기압 경도력 외에도 전향력이 작용하기 때문에, 기압 경도력이 작용하는 방향으로 바람이 불지는 않습니다. 북반구에서는 진행 방향의 오른쪽으로 전향력이 작용하므로, 바람이 부는 방향은 등압선에 직각인 방향보다 오른쪽으로 치우치게 됩니다. 그 결과 고기압에서는 바람이 시계 방향으로 불고 저기압에서는 반시계 방향으로 불게 됩니다(그림 6-9).

**그림 6-9 북반구의 고기압과 저기압의 바람**

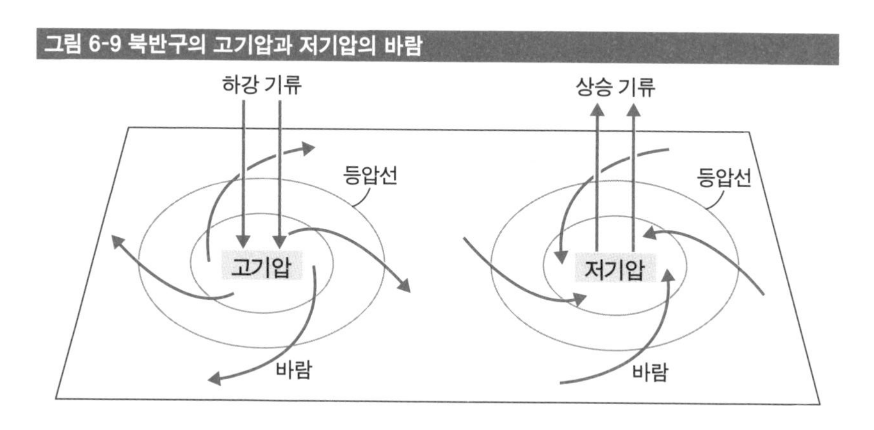


반면 남반구에서는 진행 방향의 왼쪽으로 전향력이 작용하므로, 바람이 부는 방향은 등압선에 직각인 방향보다 왼쪽으로 치우치게 됩니다. 그 결과 고기압에서는 바람이 반시계 방향으로 불고 저기압에서는 시계 방향으로 불게 됩니다(그림 6-10).

**그림 6-10 남반구의 고기압과 저기압의 바람**

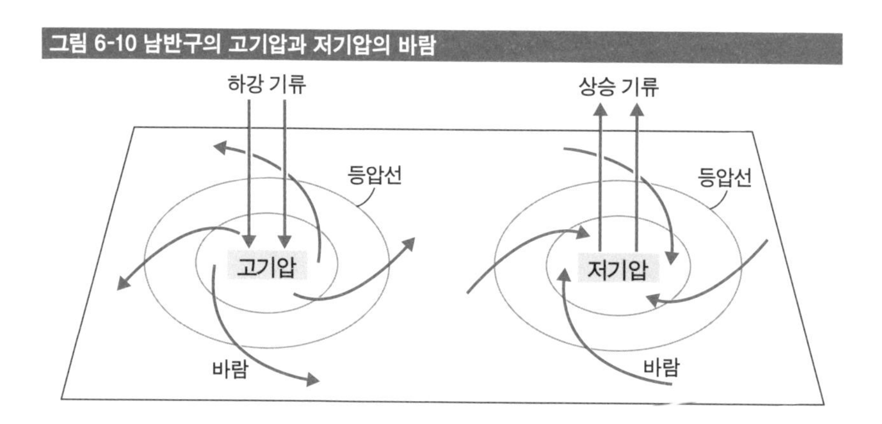

# 온대 저기압

## 중위도의 온대 저기압

중위도의 따뜻한 공기와 차가운 공기의 경계에서 발달하는 저기압을 **온대 저기압**이라고 합니다. 따뜻한 공기와 차가운 공기가 만나는 경계면을 **전선면**이라고 하며, 전선면이 지표와 만나는 경계선을 **전선**이라고 합니다. 일반적으로 일본 부근의 온대 저기압은 저기압의 중심에서 동쪽으로는 **온난 전선**, 서쪽으로는 **한랭 전선**이 발달합니다(그림 6-11).

**그림 6-11 온대 저기압**

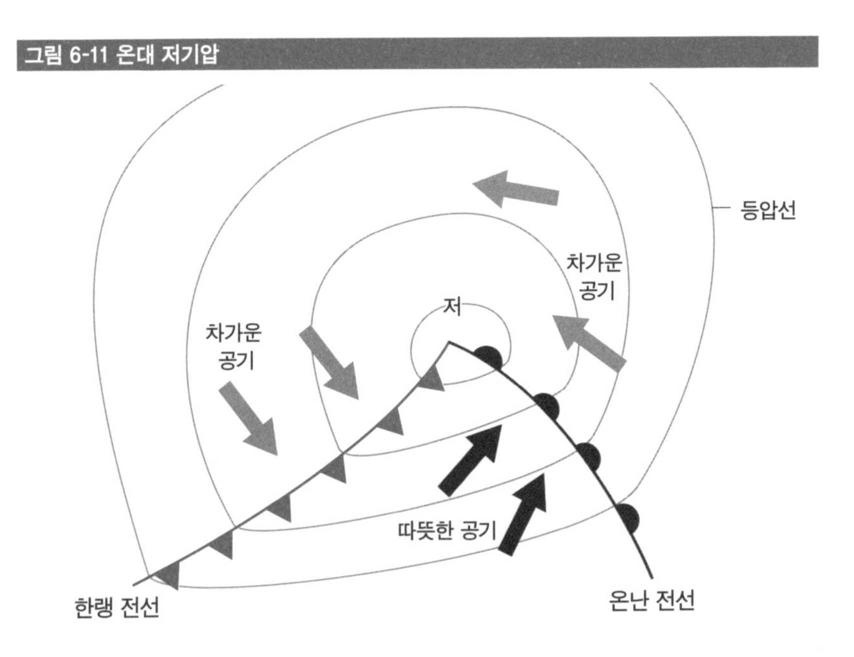


북반구의 저기압 주위에서는 반시계 방향으로 바람이 불어 들어오기

때문에 온대 저기압 남쪽의 따뜻한 공기는 동쪽의 온난 전선 쪽으로 이동합니다. 온난 전선면에서는 따뜻한 공기가 차가운 공기 위로 올라가기 때문에 상승 기류가 발생합니다(그림 6-12). 그 때문에 온난 전선면을 따라 난층운, 고층운, 권운 등이 발달합니다. 특히 난층운은 상공을 넓게 덮고 비를 내리게 하는 구름이므로 온난 전선 부근에서는 넓은 범위에 걸쳐 비가 내립니다.

한편, 온대 저기압 서쪽의 차가운 공기는 한랭 전선 쪽으로 이동합니다. 한랭 전선 부근에서 차가운 공기가 따뜻한 공기 아래로 파고들어 따뜻한 공기를 밀어 올리면서 상승 기류가 발생합니다(그림 6-12). 한랭 전선면의 기울기는 비교적 급하기 때문에 한랭 전선면을 따라 적란운이 발달합니다. 한랭 전선 부근에서 구름이 생기는 범위는 비교적 좁고 짧은 시간에 천둥과 돌풍을 동반하는 강한 비가 내릴 수 있습니다.

**그림 6-12 온대 저기압의 구조**

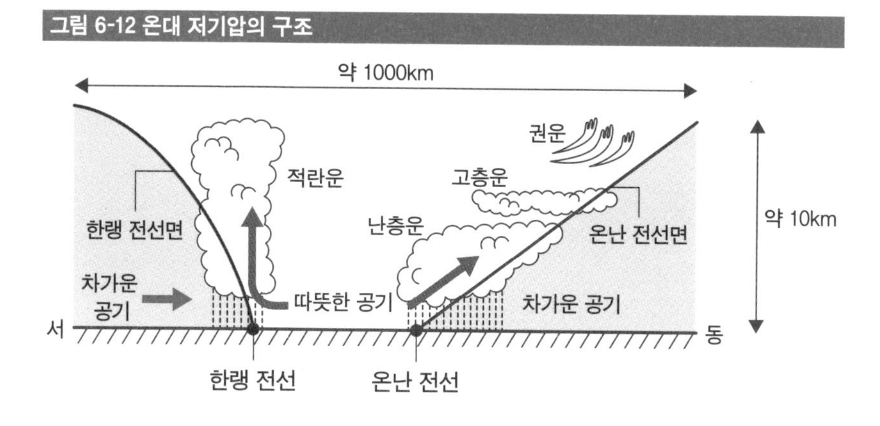


## 토네이도

적란운의 아래 지상에서는 강한 돌풍이 발생할 수 있습니다. 특히 상승 기류가 발생할 때 형성되는 강력한 소용돌이 바람을 **토네이도**라고 합니다. 토네이도의 중심에서는 풍속이 100m/s를 넘을 때도 있습니다. 토네이도는 대개 반시계 방향으로 회전하지만, 간혹 시계 방향으로 회전하는 경우도 있습니다. 즉 토네이도에는 전향력이 거의 작용하지 않는다고 볼 수 있습니다. 토네이도는 일반적으로 대기 상태가 불안정할 때 발생합니다.

토네이도는 난류풍과 냉류풍(차가운 바람과 따뜻한 바람)이 만나서 서로 대립하고 맞부딪쳐서 형성됩니다. 미국, 캐나다에서처럼 상층부의 찬공기와 하층부의 더운 공기가 대립하였을 때 소용돌이치면서 생기게 되며, 그리고 넓은 평원이 있어야 합니다. 바람이 산을 넘게 되면 그 산들이 바람막이 역할을 하기 때문에 본래 갖고 있던 힘을 많이 잃게 됩니다.

대한민국과 일본에는 산이 많은데다 따뜻한 바람이 계절마다 불규칙적이기 때문에 토네이도가 잘 생기지 않습니다.

1960년 이후 미국의 통계에 의하면 연간 500 ~ 900개 정도 발생하고 있다고 합니다. 미국에서는 주로 봄과 여름에 발생하는데 가장 살인적인 토네이도는 1925년 3월에 미주리·일리노이·인디애나주를 통과하면서 689명의 인명 피해를 낸 것으로, 이동경로 350km, 폭 1.5km, 시속 100km/h였습니다.

일본의 월별 토네이도 발생 횟수를 보면 9월이 가장 많고, 밤보다는 낮에 발생하는 경우가 많습니다. 2013년 9월 2일 14시경 사이타마현에서 발생한 토네이도가 북동쪽으로 이동하여 14시경 30분경 이바라키현에서 소멸했습니다. 이 토네이도로 폭 300m, 길이 19km에 걸쳐 주택이 무너지고 전신주가 넘어졌으며 수십 명의 부상자가 발생했습니다.

## 폐색 전선

온대 저기압은 편서풍의 영향으로 서쪽에서 동쪽으로 이동합니다. 따라서 온대 저기압이 동반하는 온난 전선과 한랭 전선도 서쪽에서 동쪽으로 이동합니다. 전선의 이동 속도는 한랭 전선이 온난 전선보다 빠르기 때문에 온난 전선과 한랭 전선 사이에 있는 따뜻한 공기의 범위가 점차 좁아지다가 한랭 전선이 온난 전선을 따라잡으면 두 전선이 겹치게 됩니다. 이 때 생기는 전선을 **폐색 전선**이라고 합니다(그림 6-13).

그림 6-13 폐색 전선의 단면

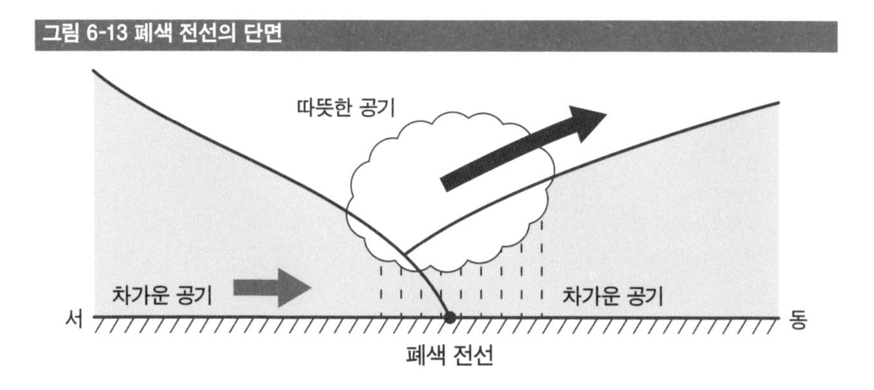


폐색 전선 주변의 지표 부근은 차가운 공기로 덮이게 되므로, 폐색 전선이 형성된 후 며칠이 지나면 온대 저기압은 소멸하게 됩니다. 이로써 폐색 전선의 형성 후 며칠이 지나면 온대 저기압이 소멸하게 됩니다.

## 전선의 통과와 기온의 변화

온난 전선의 동쪽에는 차가운 공기가 분포하고 남서쪽에는 따뜻한 공기가 분포합니다. 온난 전선이 서쪽에서 동쪽으로 통과하면 남서쪽에서 따뜻한 공기가 들어오기 때문에 일반적으로 기온이 올라갑니다.

한편, 한랭 전선의 동쪽에는 따뜻한 공기가 분포하고 북서쪽에는 차가운 공기가 분포합니다. 한랭 전선이 서쪽에서 동쪽으로 통과하면 북서쪽에서 차가운 공기가 들어오기 때문에 일반적으로 기온이 내려갑니다.

2022년 4월 6일 9시, 한랭 전선이 북일본을 통과해 홋카이도에는 흐리거나 비가 내리는 곳이 많았습니다(그림 6-14). 이날 삿포로에서는 늦은 밤부터 새벽까지 남풍이 불어 기온이 거의 떨어지지 않았지만, 오전 9시경 한랭 전선이 통과한 후에 북풍으로 풍향이 바뀌면서 기온이 크게 떨어졌습니다(그림 6-15). 한랭 전선이 통과하면 기온이 1시간 만에 5℃ 정도 떨어질 수 있습니다.

**그림 6-14 2022년 4월 6일의 일기도**

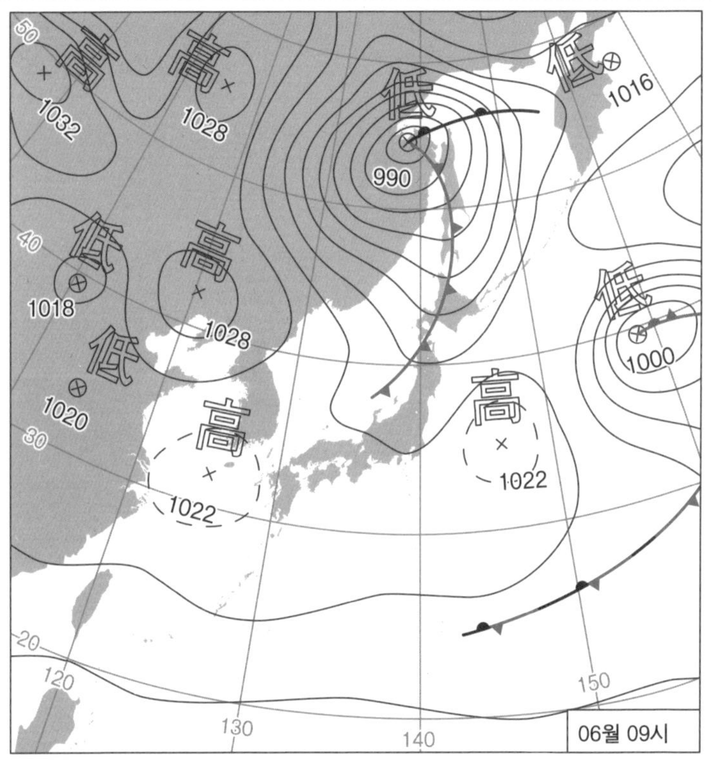


(일본 기상청)

**그림 6-15 2022년 4월 6일 삿포로의 기온과 풍향의 변화**

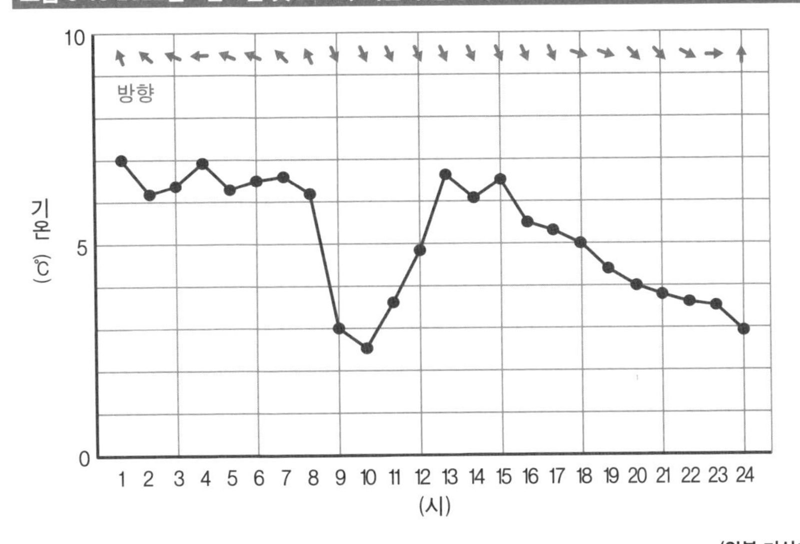


(일본 기상청)

# 열대 저기압

## 열대 저기압의 발생

열대 또는 아열대 해상에서 발생하는 저기압을 **열대 저기압**이라고 합니다. 열대 저기압은 주로 위도 5~20° 부근의 해수면 온도가 27℃ 이상인 해상에서 발생하며, 전향력이 약한 적도 부근에서는 거의 발생하지 않습니다. 열대는 대개 따뜻한 공기로 덮여 있기 때문에 따뜻한 공기와 차가운 공기의 경계가 없으므로 열대 저기압에는 온난 전선이나 한랭 전선이 만들어지지 않습니다.

열대 저기압 중에서 북서 태평양에서 발생하여 중심 부근의 최대 풍속이 약 17m/s 이상인 것을 **태풍**이라고 합니다. 태풍은 연평균 25개 정도 발생합니다. 또한 열대 저기압 중에서 카리브해나 멕시코만 등에서 발생하여 중심 부근의 최대 풍속이 약 33m/s 이상으로 발달하는 것을 **허리케인**, 벵골만이나 아라비아해 등에서 발생하여 중심 부근의 최대 풍속이 약 17m/s 이상으로 발달하는 것을 **사이클론**이라고 합니다.

## 태풍의 크기와 강도

일기 예보에서 태풍의 크기와 강도를 발표하는 것을 들은 적이 있을 것입니다. 이는 풍속을 기준으로 등급이 나뉩니다. 풍속이 15m/s 이상인 영역을 강풍역, 풍속이 25m/s 이상인 영역을 폭풍역이라고 합니다. 일본 기상청에서는 태풍의 크기를 강풍 반경이 500km 이상~800km 미만일 때는 '대형', 800km 이상일 때는 '초대형'으로 구분합니다.(한국 기상청에서는 2020년 이후 크기에 따른 분류 대신 강풍 반경과 폭풍 반경을 정보로 제공한다.)

또 태풍의 강도는 중심 부근의 최대 풍속에 따라 단계별로 분류합니다. 최대 풍속이 33m/s 이상~44m/s 미만일 때는 '강', 44m/s 이상~54m/s 미만일 때는 '매우 강', 54m/s 이상일 때는 '맹렬'로 분류합니다.(한국 기상청에서는 이외에도 최대 풍속 25m/s 이상~33m/s 미만일 때는 '중' 등급으로 분류하고, 일본의 '맹렬' 등급은 '초강력'이라고 부른다.)

그림 6-16 태풍의 눈

## 태풍의 구조

태풍의 하층에서는 공기가 반시계 방향으로 불어 들어가 중심 부근에서 상승 기류가 되고, 상층에서는 시계 방향으로 빠져나갑니다(그림 6-17). 태풍으로 인해 지표 근처에서 부는 바람은 일반적으로 중심으로부터 50~100km 부근에서 가장 강해집니다. 또한 태풍의 중심부에는 바람이 약하고 구름이 거의 없어 푸른 하늘을 볼 수 있는 구역이 있습니다. 구름이 거의 없는 이 구역을 **태풍의 눈**(그림 6-16)이라고 하며, 일반적으로 지름이 몇십 킬로미터에 이릅니다.

태풍의 중심부로 불어 들어가는 지표 부근의 바람은 회전 속도가 빨라지면서 밖으로 향하는 원심력의 작용으로 더 이상 안으로 들어가지 못하고 태풍의 눈 밖에서 강한 상승 기류가 되어 키가 큰 적란운을 형성하게 됩니다. 이처럼 태풍의 눈 주위를 에워싸고 있는 적란운을 **아이 월** 또는 구름 벽이라고 합니다.

**그림 6-17 태풍의 구조**

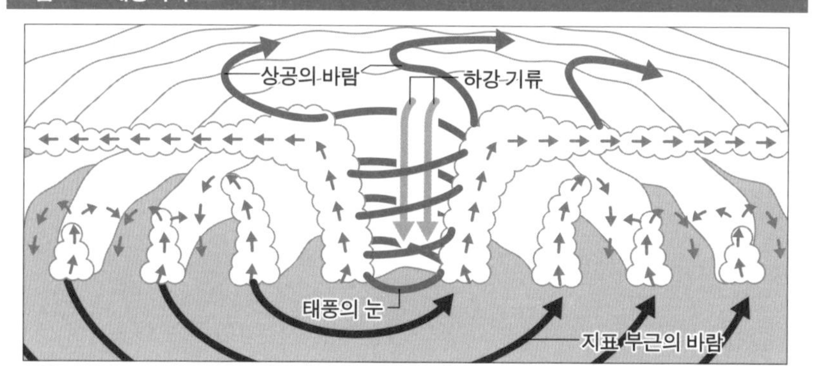


태풍 주변에는 나선형으로 뻗은 적란운의 벽이 형성되며, 그 아래에 띠 모양의 강수대가 만들어집니다. 이를 스파이럴 밴드라고 합니다. 스파이럴 밴드에서는 태풍의 중심에서 다소 떨어진 곳에서도 강한 비가 내릴 수 있습니다.

## 태풍의 에너지원

열대의 해수면에서는 많은 양의 수증기가 증발합니다. 수증기를 포함한 공기는 태풍의 중심을 향해 흘러들어 중심 부근에서 상승 기류가 됩니다. 이 상승기류에 의해 적란운이 만들어집니다. 구름은 대기 중의 수증기가 응결하여 생긴 물방울로 구성되어 있으므로, 적란운이 발생했다는 것은 수증기가 물이 되는 상태 변화가 일어났다는 뜻입니다(그림 6-18).

수증기가 물로 변할 때는 잠열(응결열)이 방출되므로, 적란운 속에서는 이 잠열에 의해 공기가 따뜻해집니다. 공기는 온도가 높을수록 밀도가 낮아지므로(가벼워지므로) 따뜻해진 공기가 상승하면서 태풍의 중심 부근에서는 상승 기류가 강해지고, 태풍의 하층에서는 중심으로 불어 들어오는 바람이 강해지면서 태풍이 발달합니다. 즉, 수증기가 응결할 때 방출된 잠열이 태풍의 에너지원이 되는 것입니다.

태풍이 열대 해상에서 발달하는 이유는 많은 양의 수증기가 공급되기 때문입니다. 반대로 말하면 해수면 온도가 낮은 곳에서는 해수면에서 수증기의 증발량이 적기 때문에 태풍이 발달하지 않습니다. 또한 태풍이 육지에 상륙하면 수증기 공급이 끊기기 때문에 세력이 약해집니다.

**그림 6-18 태풍의 에너지원**

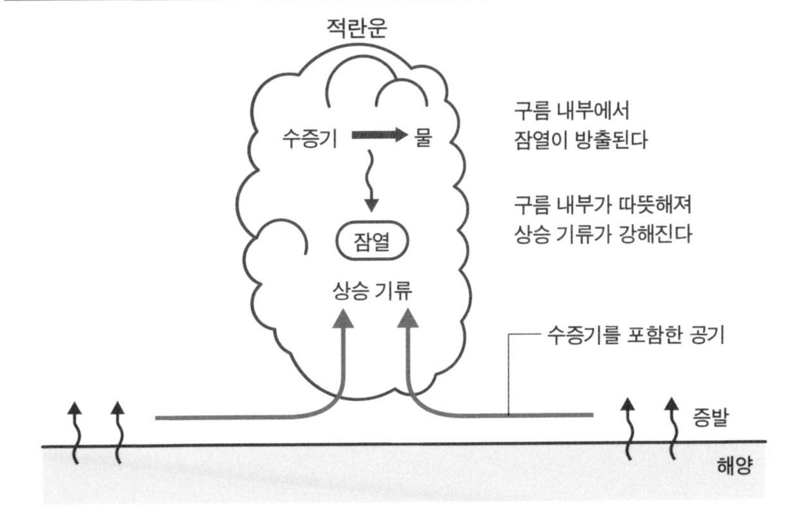

## 태풍의 진로

태풍은 여름과 가을에 주로 발생하는데, 이 시기에 일본의 남쪽에는 **북태평양 고기압**이 발달합니다. 북태평양 고기압보다 저위도 지역에서는 무역풍이 우세하기 때문에, 열대 해상에서 발생한 태풍은 무역풍을 타고 서쪽으로 이동합니다 북태평양 고기압보다 저위도 쪽에서는 무역풍의 영향을 많이 받기 때문에, 열대 해상에서 발생한 태풍은 무역풍을 따라 서쪽으로 이동합니다(그림 6-19).

그림 6-19 태풍의 진로

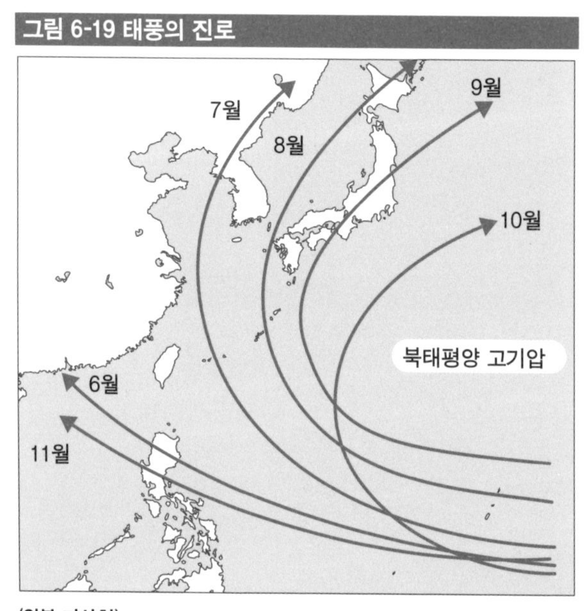


(일본 기상청)

북태평양 고기압에서 바람은 시계 방향으로 불어 나가므로, 북태평양 고기압의 서쪽에서는 남쪽에서 북쪽으로 바람이 붑니다. 그 때문에 북태평양 고기압의 서쪽에서는 태풍이 북상하여 일본 열도로 다가옵니다.

7월~8월 초순에는 일본 열도가 북태평양 고기압에 덮여 있으므로 태풍은 일본 열도 서쪽을 지나 북상하지만, 8월 하순~9월에는 북태평양 고기압의 세력이 약화되어 일본의 남동쪽으로 물러나기 때문에 태풍이 일본으로 접근하기 쉬워집니다. 태풍의 중심이 일본 열도 300km 이내로 접근하는 태풍의 개수는 8월~9월에 가장 많고, 평균적으로 2개월간 약 6개의 태풍이 발생합니다. 일본 부근에서는 편서풍이 불기 때문에 일본으로 접근한 태풍은 편서풍의 영향을 받아 동쪽으로 이동하는 경우가 많습니다.

## 태풍에 의한 재해

태풍 또는 저기압이 통과할 때 해수면이 높아지는 현상을 **폭풍 해일**이라고 합니다. 태풍이나 저기압의 중심 부근은 기압이 낮으므로 공기의 무게에 의해 해수면을 누르는 힘이 주변보다 약해집니다. 그 결과 해수면이 부풀어 올라 높아지는 것입니다. 이처럼 기압의 감소로 인해 해수면이 높아지는 것을 저기압에 의한 해수면 상승 효과라고 합니다. 기압이 1hPa 낮아지면 저기압에 의한 해수면 상승 효과로 인해 해수면이 약 1cm 상승합니다. 즉, 기압이 1000hPa인 지역에 중심 기압이 950hPa인 태풍이 접근하면 해수면은 약 50cm 높아집니다.

또한 태풍의 중심 부근에서 부는 강한 바람은 먼바다의 해수를 해안 부근까지 밀어냅니다. 지속적으로 바람에 밀려 들어온 해수가 해안 부근에 모여 해수면이 상승하는 것을 **바람에 의한 해수면 상승 효과**라고 합니다(그림 6-20). 특히, 태풍의 바람이 불어오는 방향에 육지 쪽으로 들어가 있는 만이 있을 경우, 만 깊숙이 해수가 밀려들어 해수면이 크게 상승할 수 있습니다.

그림 6-20 폭풍 해일의 원인

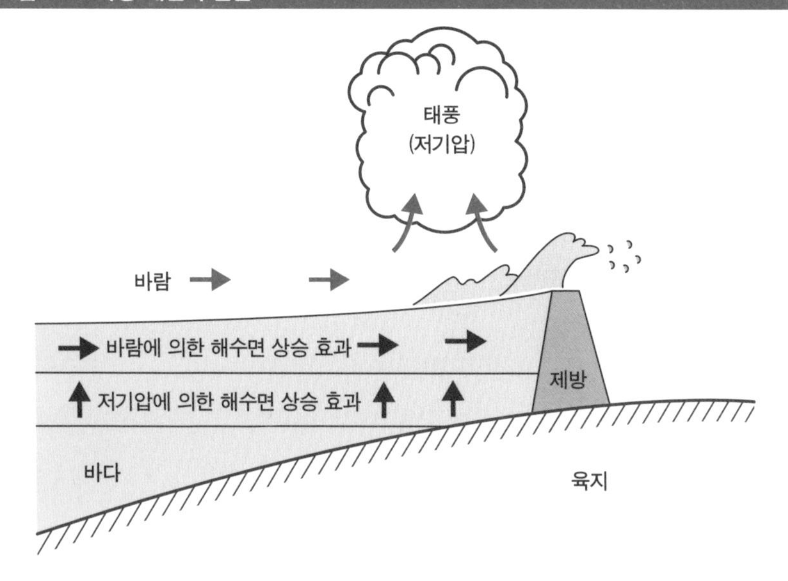


## 풍랑과 너울

해수면의 파도는 해상의 바람에 의해 생깁니다. 바람이 부는 해상에서 그 바람에 의해 만들어지는 파도를 **풍랑**이라고 합니다. 풍랑은 바람이 강하고, 바람이 지속적으로 부는 시간(지속 시간)이 길수록 발달하여 파고가 높아집니다. 일반적으로 마루가 뾰족하며 불규칙한 형태를 띱니다. 바람이 강해지면 파고는 더 높아지고, 경사가 급한 끝 부분이 무너져 흰 파도(거품이 일면서 하얗게 보이는 파도)가 생기기도 합니다(그림 6-21).

그림 6-21 풍랑

한편 바람이 불지 않는 해수면에서도 파도가 발생할 수 있습니다. 다른 지역에서 발생한 풍랑이 전달되거나, 바람이 약해진 뒤에도 해수면에 파도가 남아 있는 경우도 있습니다. 이러한 파도를 **너울**이라고 합니다. 너울은 파도의 윗부분이 둥글고 경사가 완만한 형태를 띠지만, 먼 바다에서 연안으로 접근할 때 갑자기 파고가 높아지는 경우도 있습니다.

여름부터 가을까지 일본의 남쪽 해상에서는 태풍이 자주 발생합니다. 이 태풍으로 인해 발생한 풍랑이 멀리 떨어진 일본의 태평양 연안으로 전달되면 너울이 됩니다. 2019년 8월 11일 일본의 남쪽 오가사와라 근해에서 제10호 태풍이 발생했는데, 이 태풍과 멀리 떨어져 있는 가나가와현과 지바현 연안에서 해수욕과 낚시를 하던 사람들이 파도에 휩쓸리는 사고가 발생했습니다. 태풍의 중심에서 멀리 떨어져 있는 경우에도 태평양 연안에서는 태풍으로 인한 파도의 영향을 받을 수 있습니다.

제 7 장

# 지구 환경

# 대기와 해양의 상호작용

## 평상시의 적도 태평양

적도 부근의 태평양에는 동쪽에서 서쪽으로 무역풍이 불기 때문에 해양 표층의 해수가 서쪽 방향으로 흐릅니다. 적도 부근의 해수는 태양 복사에 의해 뜨겁게 데워집니다. 이 따뜻한 해수가 서쪽으로 흐르기 때문에 적도 태평양의 해수면 온도는 서부가 동부보다 높습니다(그림 7-1). 또 적도 태평양의 동부에서는 심해로부터 차가운 해수가 위로 올라오고 있습니다(그림 7-2).

**그림 7-1 2020년 해수면 온도의 평균값**

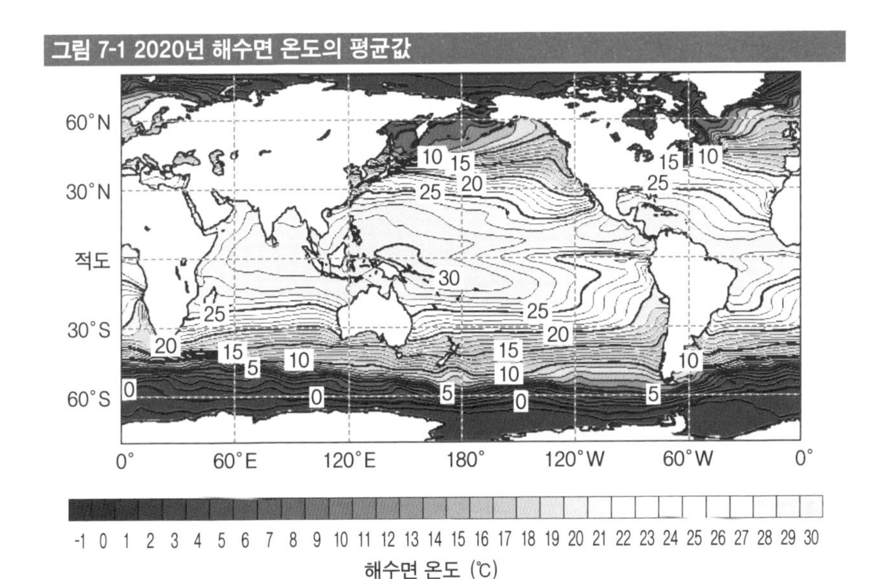


(일본 기상청)

그림 7-2 평상시 적도 태평양의 단면도

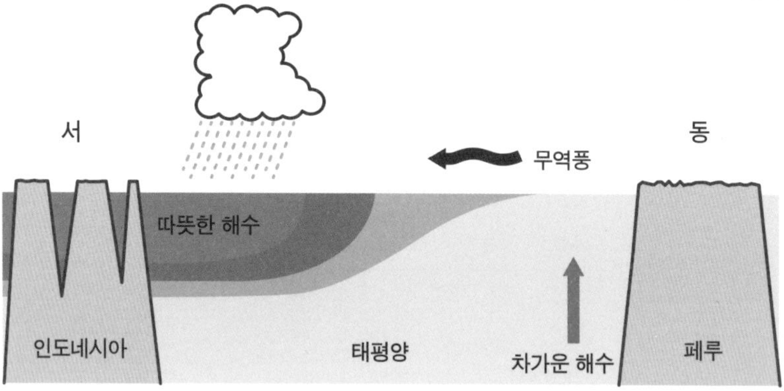

## 엘니뇨 현상

몇 년에 한 번씩 적도 태평양의 무역풍이 몇 개월에 걸쳐 약해질 때가 있습니다. 무역풍이 약해지면, 평소에는 서쪽에 몰려 있던 따뜻한 해수가 동쪽으로 밀려나며 퍼집니다(그림 7-3). 또한 적도 태평양 동부에서는 심해에서 차가운 해수가 올라오는 현상(용승)이 약해집니다. 이에 따라 적도 태평양 동부의 해수면 온도는 평상시보다 높아집니다.

적도 태평양 동부의 월평균 해수면 온도가 평상시보다 0.5℃ 이상 높은 상태가 6개월 이상 지속되는 현상을 **엘니뇨 현상**이라고 합니다. 2015년 11월에는 엘니뇨 현상이 최고조에 달해 적도 태평양 동부의 해수면 온도가 평상시보다 약 2.9℃ 높았습니다(그림 7-4).

평상시 해수면 온도가 높은 적도 태평양의 서부에서는 상승 기류에 의해 적란운이 활발히 발생합니다. 그러다가 엘니뇨 현상이 발생하면 서부의 따뜻한 해수가 동쪽으로 퍼지기 때문에 적란운이 발생하는 지역도 동쪽으로 이동하여 적도 태평양의 중부에서 적란운이 활발하게 발생하게 됩니다.

**그림 7-3 엘니뇨 현상 발생 시 적도 태평양의 단면도**

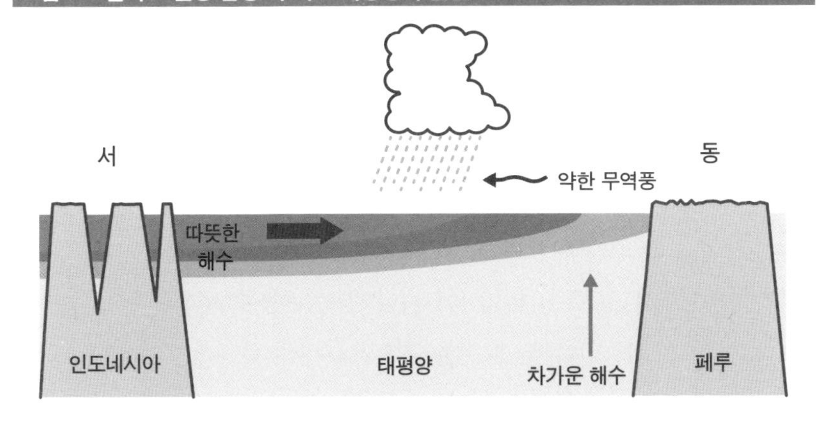


**그림 7-4 2015년 11월 평균 해수면 온도의 평년 편차(평상시와의 차이)**

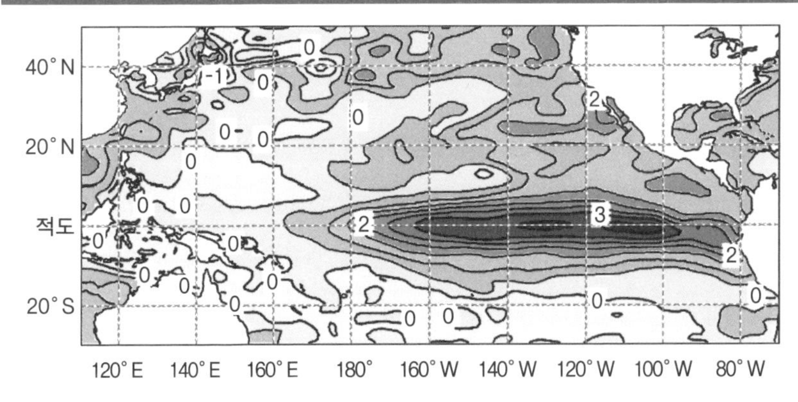


그림의 2, 3 등과 같은 숫자는, 가령 2의 경우 평상시보다 2℃ 높음을 나타낸다.
(일본 기상청)

## 라니냐 현상

적도 태평양의 무역풍은 몇 개월에 걸쳐 강해지기도 합니다. 무역풍이 강해지면 적도 태평양의 따뜻한 해수가 서쪽으로 더 많이 운반되므로 적도 태평양 서부의 따뜻한 해수층의 두께가 평상시보다 두꺼워집니다(그림 7-5). 또한 적도 태평양 동부에서는 심해에서 차가운 해수가 올라오는 용승이 강해집니다. 이에 따라 적도 태평양 동부의 해수면 온도는 평상시보다 낮아집니다.

적도 태평양 동부의 월평균 해수면 온도가 평상시보다 0.5℃ 이상 낮은 상태가 6개월 이상 지속되는 현상을 **라니냐 현상**이라고 합니다.

2010년 11월에는 라니냐 현상이 최고조에 달해 적도 태평양 동부의 해수면 온도는 평상시보다 약 1.6℃ 낮았습니다(그림 7-6).

라니냐 현상이 발생하면 서부의 따뜻한 해수층의 두께가 두꺼워져 적도 태평양 서부에서는 적란운이 한층 더 활발하게 발생합니다.

그림 7-5 라니냐 현상 발생 시 적도 태평양의 단면도

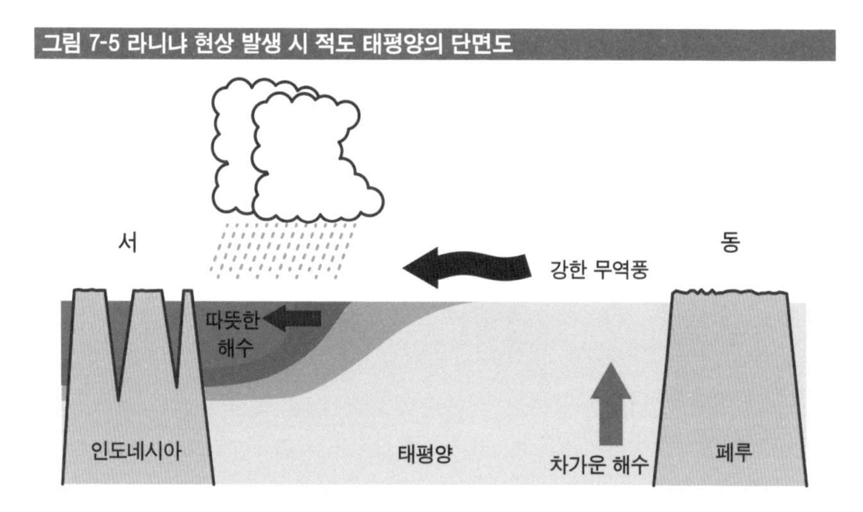

**그림 7-6 2010년 11월 평균 해수면 온도의 평년 편차(평상시와의 차이)**

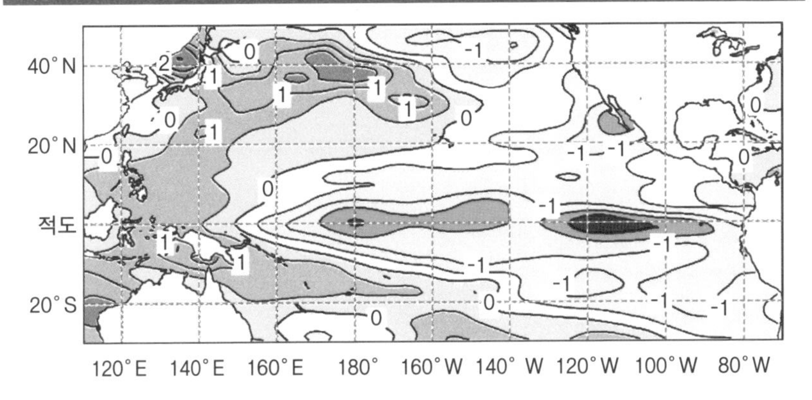


그림의 -1, 1 등과 같은 숫자는, 가령 -1의 경우 평상시보다 1℃ 낮다는 것을낮음을 나타낸다.
(일본 기상청)

## 엘니뇨 현상의 영향

엘니뇨 현상이나 라니냐 현상이 발생할 때는 적도 태평양에서는 상승기류가 우세한 지역이 다르기 때문에 적도 태평양에서 기압이 낮은 지역도 달라집니다. 인도네시아 부근(적도 태평양의 서부)에서 기압이 낮아지면 태평양의 동부에서는 기압이 높아지고, 인도네시아 부근에서 기압이 높아지면 태평양의 동부에서는 기압이 낮아집니다. 이처럼 적도 태평양의 기압이 동서로 시소처럼 한쪽이 높아지면 다른 한쪽이 낮아지는 현상을 **남방진동**이라고 합니다. 적도 태평양의 기압은 엘니뇨 현상이나 라니냐 현상에 따라 변화하기 때문에 이 둘을 합쳐 ENSO(El Niño–Southern Oscillatio, 엘니뇨 남방진동)라고 부르기도 합니다.

대기와 해양은 서로 영향을 주고받습니다. 엘니뇨 현상과 라니냐 현상에 따른 열대의 대기와 해양의 변동은 중고위도 지역의 기상에도 영향을 미칩니다. 이처럼 멀리 떨어진 지역이라도 기상 측면에서 서로 밀접한 연관을 맺고 있는 것을 **텔레커넥션**(원격상관)이라고 합니다.

일반적으로 엘니뇨 현상이 발생하면, 여름에는 북태평양 고기압이 약해지기 때문에 일본에서는 장마가 길어져 여름철 강수량이 늘어나고 평균 기온은 낮아지는 경향이 있습니다. 이러한 경향은 서일본에서 두드러지게 나타납니다. 또한 겨울에는 북서 계절풍이 약해지기 때문에 평균 기온이 높아지는 경향이 있습니다. 특히 동일본에서 겨울철 평균 기온이 높아지고 일조 시간은 줄어듭니다.

평상시 적도 태평양의 동부에서는 심해로부터 차가운 해수가 솟아오릅니다. 심해에는 플랑크톤의 먹이가 되는 영양염이 풍부하게 포함되어 있어 적도 태평양의 동부에서는 식물 플랑크톤이 대량으로 발생합니다. 그러면 이 식물 플랑크톤을 먹이로 삼는 동물 플랑크톤이 크게 늘어나고, 이를 먹는 어류도 모여듭니다. 이 때문에 적도 태평양의 동부에는 풍부한 멸치 어장이 형성되어 있습니다.

그러나 엘니뇨 현상이 발생하면 적도 태평양의 동부에서는 심해의 차가운 해수가 올라오는 현상이 약해지면서 어류의 먹이인 플랑크톤이 줄어 어획량도 크게 감소합니다. 이처럼 엘니뇨 현상은 기상뿐만 아니라 경제에도 막대한 영향을 미칩니다.

# 오존층의 파괴

## 오존의 생성과 소멸

태양에서 오는 자외선은 생물의 DNA를 파괴하는 유해한 광선입니다. 생물은 고생대 전반기(약 4억 년 전)에 바다에서 육지로 삶의 터전을 넓혔습니다. 이는 고생대 전반기까지 태양에서 오는 자외선을 흡수하는 오존층이 상공에 형성되면서 지표에 도달하는 자외선이 급감했기 때문으로 생각되고 있습니다.

성층권에서는 태양에서 오는 자외선에 의해 산소 분자($O_2$)가 산소 원자(O)로 분해됩니다(그림 7-7). 그 산소 원자가 다른 산소 분자와 결합해 오존($O_3$)이 생성됩니다. 이때의 화학 반응식은 다음과 같이 나타낼 수 있습니다.

$$O_2 + O + M \rightarrow O_3 + M$$

여기서 M은 질소 분자 또는 산소 분자 등으로 오존이 산소 원자와 산소 분자로 분해되지 않도록 안정화하는 역할을 하는 물질입니다.

한편, 오존은 산소 원자와 반응하여 2개의 산소 분자를 생성합니다. 이 반응을 통해 오존은 소멸됩니다. 이때의 화학 반응식은 다음과 같습니다.

$$O_3 + O \rightarrow 2O_2$$

성층권의 오존 농도는 이러한 오존의 생성과 소멸 반응에 의해 거의 일정하게 유지됩니다.

이처럼 오존이 생성되려면 태양의 자외선이 필요합니다. 따라서 오존은 주로 저위도의 성층권에서 생성되며, 이곳에서 생성된 오존은 대기 순환에 의해 고위도로 운반됩니다.

그림 7-7 오존의 생성과 소멸

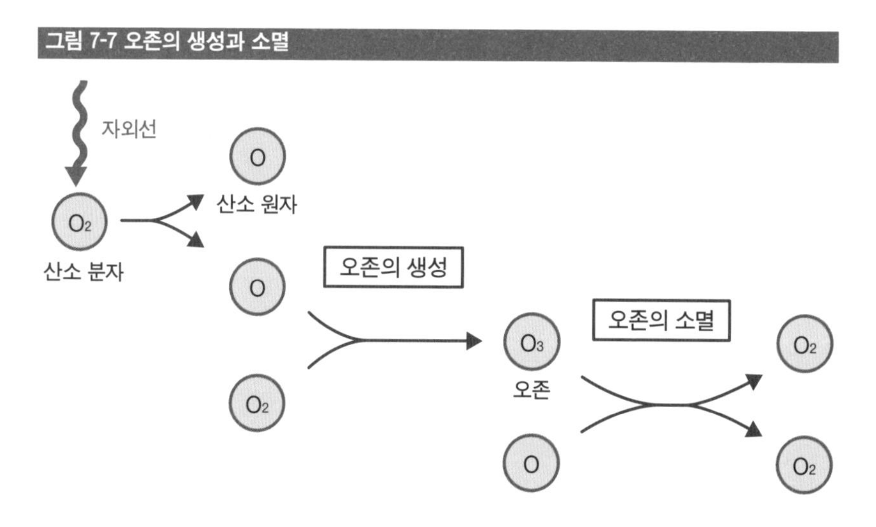


## 프레온에 의한 오존 파괴

과거 인공적으로 생산된 프레온(염소, 불소, 탄소 등으로 이루어진 화합물)은 전자 부품의 세척제나 에어컨이나 냉장고의 냉매(열을 이동시켜 온도를 낮추는 물질) 등으로 사용된 후에 대기 중으로 방출되었습니다. 프레온은 지표 부근의 대기 중에서는 거의 분해되지 않고 대기 순환에 의해 성층권의 상부까지 운반됩니다. 프레온의 일종인 CFC-11($CFCl_3$)은 성층권 상부에서 태양의 강한 자외선에 의해 분해되면 염소 원자(Cl)를 방출하게 됩니다(그림 7-8).

**그림 7-8 프레온 가스에서 방출되는 염소 원자**

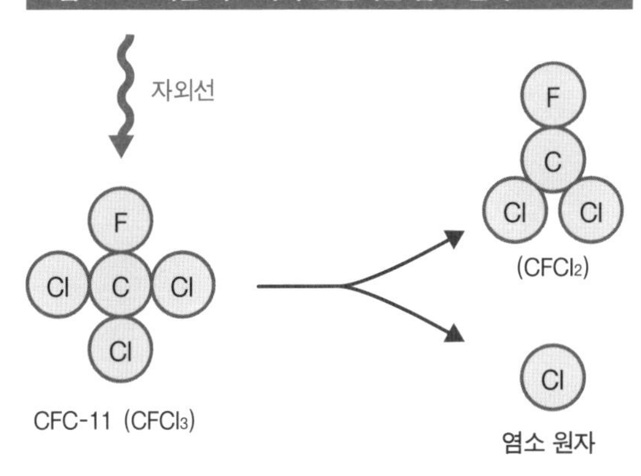


성층권에서 방출된 염소 원자는 오존과 반응하여 일산화염소(ClO)와 산소 분자를 생성합니다. 또한 일산화염소는 산소 원자와 반응하여 산소 분자와 염소 원자가 됩니다. 이 염소 원자는 다시 오존과 반응하기 때문에, 위의 과정을 반복하면서 오존을 파괴하게 됩니다(그림 7-9).

**그림 7-9 성층권 상부에서의 오존 파괴**

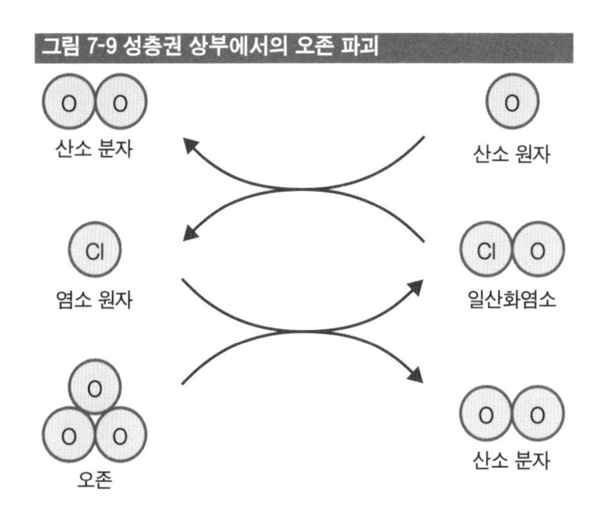

## 오존 구멍

1980년대 초 남극 쇼와 기지(1957년 남극 이스트 옹굴 섬에 건설된 일본 최초의 남극 관측 기지)에서는 9월~10월에 걸쳐 남극 상공의 오존 농도가 급격히 감소한다는 것을 발견했습니다.

고도 20km 부근의 오존 분압(대기 중 오존의 압력)은 1969년의 관측에서는 높은 값을 나타냈으나 2020년의 관측에서는 낮은 값을 나타냈습니다(그림 7-10). 남극 상공의 오존 농도가 비정상적으로 낮은 영역을 오존층에 구멍이 뚫린 것처럼 보인다고 해서 **오존 구멍**이라고 합니다.

그림 7-10 남극의 쇼와 기지 상공의 오존 분압

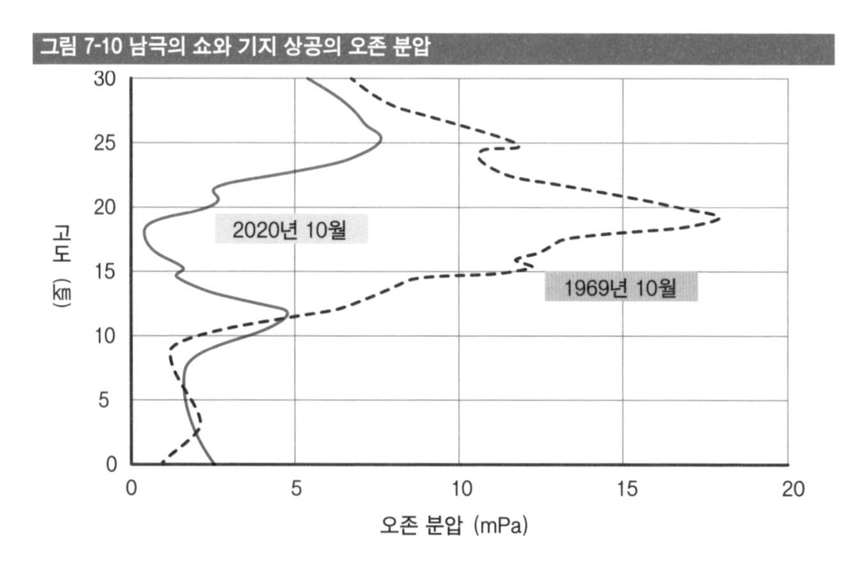


프레온에서 분리된 염소 중 일부는 염화수소(HCl)나 질산염소($ClONO_2$)로 변화하여 성층권 하부에 분포하고 있습니다. 겨울철 남극 상공의 성층권에서는 기온이 떨어지면서 **극성층권 구름**(질산과 물 등으로 이루어진 저온 구름)이 형성됩니다. 이 구름 표면에서 화학 반응이 일어나 염화수소와 질산염소에서 염소 분자($Cl_2$)와 질산($HNO_3$)이 생성되고, 이것들이 극소용돌이(남극을 중심으로 시계 방향으로 회전하는 기류) 내에 축적됩니다(그림 7-11).

그림 7-11 오존 구멍의 형성 과정

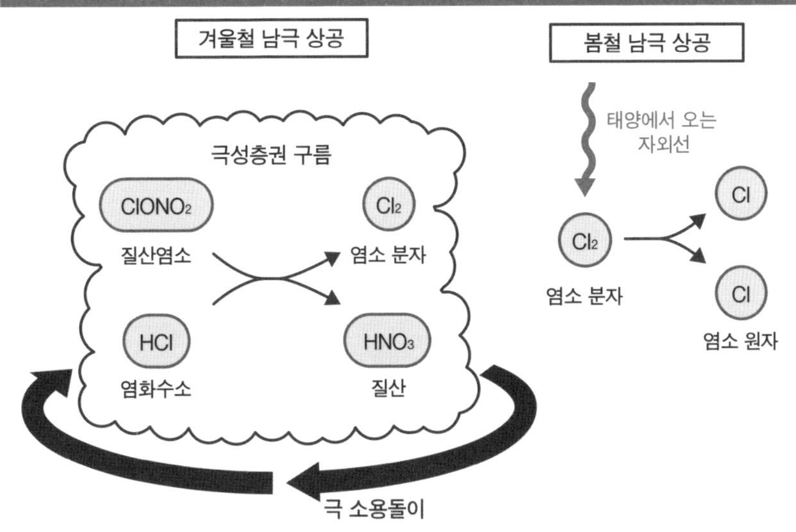


봄이 되어 남극 상공에 태양광이 들어오면 성층권에 축적된 염소 분자는 태양의 자외선에 의해 염소 원자로 분해됩니다. 이 염소 원자가 오존을 파괴하여 봄철(9월~10월) 남극 상공에 오존 구멍이 만들어지는 것입니다.

1987년 세계 각국은 오존층 보호를 위해 '오존층 파괴 물질에 관한 **몬트리올 의정서**'를 채택했습니다. 이 의정서에 따라 국제 사회는 프레온 등 오존층을 파괴하는 물질의 생산과 사용을 규제하고 있습니다. 그 결과 대기 중 CFC-11 등 프레온의 농도는 2000년 이후 감소하게 되었고, 오존 구멍이 더는 커지지 않고 있습니다. 최근에는 오존 구멍의 면적이 줄어드는 추세를 보이고 있습니다(그림 7-12).

그림 7-12 오존 구멍의 면적

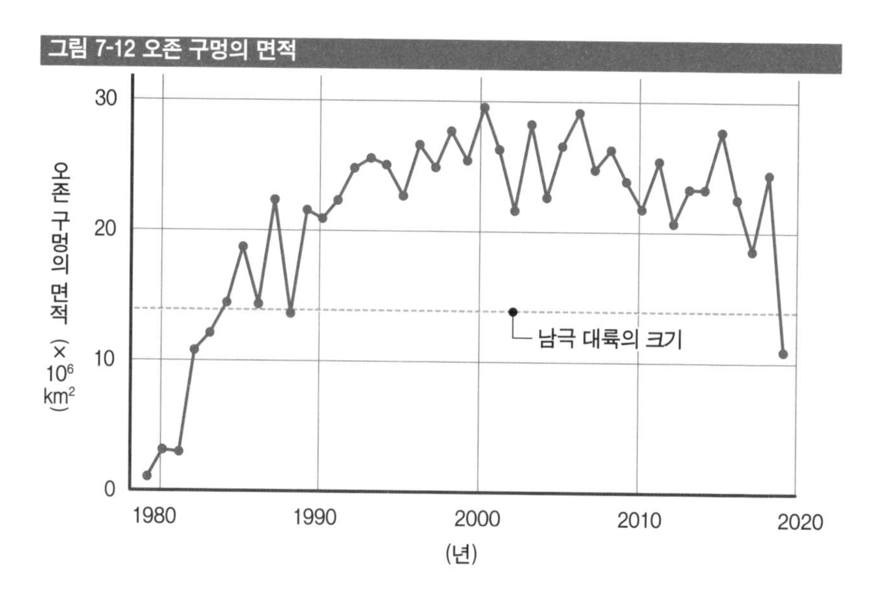

# 지구 온난화

## 지구 온난화의 원인

세계 연평균 기온은 100년마다 약 0.74℃의 비율로 상승하고 있습니다(그림 7-13). 지구의 평균 기온이 장기간에 걸쳐 상승하는 현상을 **지구 온난화**라고 합니다.

지구 온난화의 주요 원인으로는 인간의 활동으로 인해 대기 중에 배출되는 **이산화탄소**가 주로 지목됩니다. **온실가스**인 이산화탄소가 대기 중에서 증가하면 대기가 지표에서 방출되는 적외선을 더 많이 흡수하고, 따뜻해진 대기에서 지표로 방출되는 적외선도 더 강해집니다. 그 결과 지표 부근에 에너지가 축적되어 온도가 올라가는 것입니다.

**그림 7-13 세계 연평균 기온의 변화**

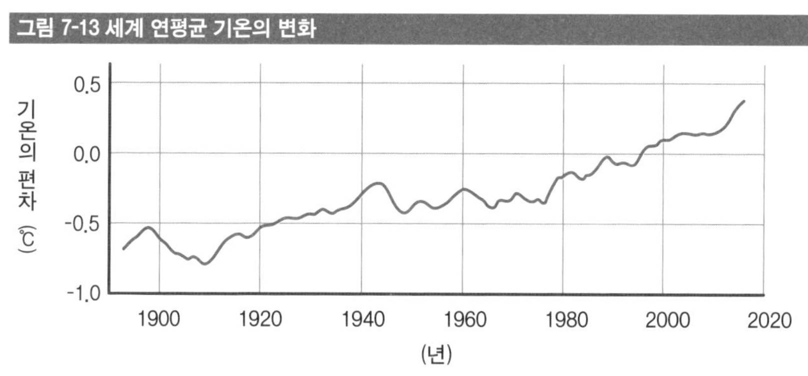


파란색 선은 해당 연도를 중심으로 전후 5년간의 평균(5년 이동 평균)을 나타낸다.
1981~2010년의 평균을 0℃로 한다.
(일본 기상청)

## 대기 중 이산화탄소 농도의 변화

전 세계 대기 중 이산화탄소 평균 농도는 **산업혁명**이 일어나기 이전(18세기 후반)에는 약 280ppm이었습니다. ppm(parts per million)은 백만분의 1이라는 뜻으로, 주로 대기 중 미량 성분의 농도를 나타낼 때 사용되는 단위입니다. 즉, 이산화탄소 평균 농도가 280ppm이라는 것은 대기 중의 분자 100만 개 중 이산화탄소 분자가 280개라는 뜻입니다. 이를 대기 중의 분자 100개당 개수로 환산하면 이산화탄소 분자는 0.028개가 되므로, 280ppm=0.028%가 됩니다.

산업혁명 이후 인류는 **석탄**을 본격적으로 사용하게 되었고, 1950년 이후에는 **석유**의 사용이 급격히 늘었습니다. 또 최근에는 **천연가스**의 사용도 증가하고 있습니다. 석탄, 석유, 천연가스는 과거에 살았던 생물의 유해가 땅속에 묻혀 만들어진 연료로, **화석 연료**라고 부릅니다.

**그림 7-14 전 세계 대기 중 이산화탄소 평균 농도의 변화**

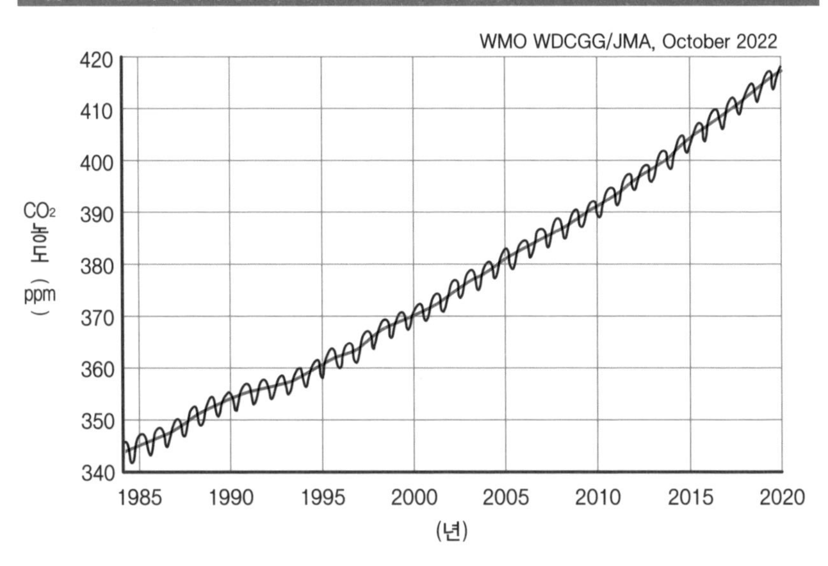


파란색 선은 연평균 농도, 검은색 선은 월평균 농도를 나타낸다.
(일본 기상청)

화석 연료를 태우면 이산화탄소가 발생하기 때문에 산업혁명 이후 대기 중 이산화탄소의 농도가 증가하게 되었습니다. 전 세계 이산화탄소 평균 농도는 2015년에는 400ppm에 도달했고, 2021년에는 415.7ppm까지 치솟았습니다(그림 7-14).

## 온난화에 대한 피드백

지구가 온난화되면 지구 온난화를 강화시키는 작용이 일어날 수도 있고, 약화시키는 작용이 일어날 수도 있습니다. 온난화를 증폭시키는 과정을 **양의 피드백**이라고 하며, 온난화를 완화시키는 과정을 **음의 피드백**이라고 합니다.

지구 온난화의 원인은 화석 연료의 사용으로 인해 대기 중 이산화탄소 농도가 증가하고, 그에 따라 온실 효과가 강해지는 데 있다고 알려져 있습니다. 그런데 이것만으로 지구 온난화가 일어난다고 할 수는 없습니다.

예를 들어, 지구의 온도 상승으로 극지방의 기온도 올라가면서 얼음이 녹는 경우를 생각해 볼 수 있습니다. 얼음은 태양광을 반사시키는 성질을 갖고 있으므로 얼음이 녹으면 우주로 반사되던 태양광이 지표로 흡수됩니다. 즉 지구가 흡수하는 태양 복사 에너지가 증가하기 때문에 지구 온난화는 더욱 심화됩니다. 이 과정은 온난화를 증폭시키는 양의 피드백의 한 예입니다.

한편, 지구의 온도 상승으로 식물의 서식지가 확대되면 식물의 광합성에 의해 대기 중 이산화탄소 농도가 감소하면서 온실 효과가 약해져 지구의 온도가 내려갑니다. 이 과정은 온난화를 완화시키는 음의 피드백의 한 예입니다.

이처럼 지구 온난화는 대기 중의 작용만으로 일어나는 현상이 아니며, 지표면이나 생물권, 인간 활동 등 다양한 영역 사이의 상호 작용의 결과로 나타나는 것입니다. 이러한 원인들을 조사하고, 그것이 미치는 영향을 정확히 추정하지 못한다면, 지구 온난화의 진행이나 미래의 기후 변화를 예측할 수 없습니다. 이러한 이유로 다양한 분야에서 지구 온난화에 대한 연구가 진행되고 있습니다.

최근의 지구 온난화는 이산화탄소의 증가로 온실 효과가 강해진데 따른 영향이 큰 것으로 추정되고 있어, 이산화탄소 배출을 억제하기 위해 전 세계가 노력하고 있습니다. 이산화탄소를 줄이기 위한 새로운 기술 개발과 함께 앞으로 우리의 일상생활에도 큰 변화가 생길 것으로 예상되므로 이에 적응해 나가는 것이 중요합니다.

# 출전

그림 1-11 게이린칸(啓林館)『고등학교 지학기초』

그림 1-17 게이린칸『고등학교 지학기초』

그림 2-2 스우켄출판(数研出版)『고등학교 지학기초』

그림 2-3 스우켄출판『고등학교 지학기초』

그림 2-4 스우켄출판『고등학교 지학기초』

그림 2-11 스우켄출판『고등학교 지학기초』

그림 2-12 스우켄출판『고등학교 지학기초』

그림 2-13 다이이치학습사(第一学習社)『고등학교 지학기초』

그림 2-15 스우켄출판『고등학교 지학기초』

그림 2-17 다이이치학습사『고등학교 지학기초』

그림 3-1 게이린칸『고등학교 지학기초』

그림 3-2 게이린칸『고등학교 지학기초』

그림 3-3 게이린칸『고등학교 지학』

그림 3-9 스우켄출판『고등학교 지학기초』

그림 3-10 스우켄출판『고등학교 지학기초』

그림 3-13 게이린칸『고등학교 지학기초』

그림 4-16 게이린칸『고등학교 지학기초』

그림 4-20 게이린칸『고등학교 지학기초』

그림 4-21 게이린칸『고등학교 지학기초』

그림 4-22 게이린칸『고등학교 지학기초』

그림 7-2 다이이치학습사『고등학교 지학기초』

그림 7-3 다이이치학습사『고등학교 지학기초』

그림 7-5 다이이치학습사『고등학교 지학기초』

KYOYO TOSHITE NO CHIGAKU
Copyright © 2023 by Masaharu NINAGAWA
All rights reserved.
Interior illustrations by WADE
First original Japanese edition published by PHP Institute, Inc., Japan.
Korean translation rights arranged with PHP Institute, Inc.
through BC Agency

이 책의 한국어 판 저작권은 BC에이전시를 통해 저작권자와 독점계약을 맺은 생각의집에 있습니다. 저작권법에 의해 한국 내에서 보호를 받는 저작물이므로 무단전재와 복제를 금합니다.

극변하는 지구의 미래를 해독하자!
한 권으로 끝내는
**지구과학**

**초판 1쇄 발행** • 2025년 2월 10일
**지은이** • 니나가와 마사하루
**옮긴이** • 송경원
**펴낸이** • 권영주
**펴낸곳** • 모스 그린
**디자인** • design mari
**출판등록번호** • 제 2024-000222 호
**주소** • 경기도 고양시 일산서구 강선로 49
**전화** • 070·7524·6122
**팩스** • 0505·330·6133
**이메일** • jip201309@gmail.com
**ISBN** • 979-11-990365-2-9(03450)

OK
°C
HOT!

OK
°C
HOT!